**SUNDAR GANESH C S
ESWARAVEL E
RAMMOHAN T**

Principes de base de Lego Robotics

SUNDAR GANESH C S
ESWARAVEL E
RAMMOHAN T

Principes de base de Lego Robotics

Robotique

ScienciaScripts

Imprint

Any brand names and product names mentioned in this book are subject to trademark, brand or patent protection and are trademarks or registered trademarks of their respective holders. The use of brand names, product names, common names, trade names, product descriptions etc. even without a particular marking in this work is in no way to be construed to mean that such names may be regarded as unrestricted in respect of trademark and brand protection legislation and could thus be used by anyone.

Cover image: www.ingimage.com

This book is a translation from the original published under ISBN 978-620-3-46180-0.

Publisher:
Sciencia Scripts
is a trademark of
International Book Market Service Ltd., member of OmniScriptum Publishing Group
17 Meldrum Street, Beau Bassin 71504, Mauritius
Printed at: see last page
ISBN: 978-620-3-54504-3

LES FONDEMENTS DE LA ROBOTIQUE LEGO

Par
M. C. S. SUNDAR GANESH M. E. ESWARAVEL Dr. T.RAMMOHAN

Première édition

À propos des auteurs

M. C. S.Sundar Ganesh travaille actuellement comme professeur adjoint au département d'ingénierie électrique et électronique du Karpagam College of Engineering de Coimbatore. Il travaillait auparavant au département de robotique et d'automatisation du PSG College of Technology de Coimbatore. Il a mené de nombreux programmes de formation pour les élèves des écoles et des collèges sur la construction de robots avec Lego. Il a publié 40 revues internationales et nationales, ainsi que trois chapitres de livres dans diverses publications.

M. E. Eswaravel travaille actuellement en tant que directeur des opérations chez Katomaran Technology and Business Solutions Coimbatore. Il a étudié la robotique et l'automatisation au PSG College of Technology Coimbatore. Il a conçu un robot de service automatique et s'intéresse également à l'éducation des jeunes dans le domaine de la robotique par le biais de Lego.

T.Rammohan est professeur au département d'électricité et d'électronique du Karpagam College of Engineering de Coimbatore. Il a publié de nombreuses revues internationales dans le domaine de l'automatisation et du traitement des images. Il a écrit un livre intitulé Z-Source Multilevel Inverter Based on Embedded Controller par Lambert Publisher.

Préface

"Ce livre traite de l'étude de la robotique, des capteurs et des actionneurs en utilisant des kits lego pour un niveau prosaïque. Ce matériel est développé avec l'idée de fournir des connaissances pratiques sur la science, la technologie, l'ingénierie et les mathématiques (STEM) avec la robotique et il est destiné à servir de guide pour un étudiant novice en robotique. Les tâches et les feuilles de travail sont ajoutées après la fin de chaque chapitre pour l'application pratique des connaissances acquises au cours du chapitre."

CHAPITRE 1

INTRODUCTION

1.1. DÉFINITIONS :

"Une machine capable d'exécuter automatiquement une série complexe d'actions, notamment une machine programmable par un ordinateur".

Source : Dictionnaire Google

Il existe de nombreuses interprétations de ce qu'est un robot, dont certaines sont très différentes. Il n'existe pas de réponse unique et définitive qui englobe toutes les fonctions d'un robot. Voici une liste des différentes définitions disponibles dans les dictionnaires.

Dictionnaire American Heritage

"Un dispositif mécanique qui ressemble parfois à un humain et qui est capable d'effectuer une variété de tâches humaines souvent complexes sur commande ou en étant programmé à l'avance. Une machine ou un dispositif qui fonctionne automatiquement ou par télécommande".

Dictionnaire Cambridge Advanced Learner's

"une machine utilisée pour effectuer des tâches automatiquement, qui est contrôlée par un ordinateur".

Dictionnaire Oxford

"une machine capable d'exécuter automatiquement une série complexe d'actions, notamment une machine programmable par un ordinateur".

Gardez à l'esprit que s'il n'existe pas de définition universellement acceptée d'un robot, les points suivants semblent couvrir la grande majorité des robots.

- Un robot est artificiel, il a été fabriqué et ne se produit pas naturellement.

- Il est contrôlé par un ordinateur d'une certaine description. Cela peut aller d'un ordinateur personnel de grande taille à un petit microcontrôleur intégré.
- Il peut détecter l'environnement qui l'entoure.
- Il peut effectuer des actions et des mouvements.

Malgré ces exigences, il est toujours très difficile de catégoriser un robot. On

peut poser la question suivante aux élèves : une machine à laver est-elle un robot
?

🔧 C'est artificiel.

🔧 Les machines à laver modernes sont contrôlées par des ordinateurs
miniatures à l'intérieur.

🔧 Il détecte quand le couvercle est ouvert.

🔧 Il effectue des mouvements en faisant tourner les vêtements d'avant en
arrière.

Une barrière ferroviaire peut-elle être considérée comme un robot ?

🔧 C'est artificiel.

🔧 Il est contrôlé par des ordinateurs.

🔧 Il détecte l'approche d'un train.

🔧 Il peut lever et abaisser les barrières de la rampe.

1.2. Pourquoi avons-nous des robots ?

Il existe de nombreuses raisons pour lesquelles les robots sont utilisés dans la
société, chacune répondant à un besoin particulier. Cette question peut
également être affichée comme suit : "Quels sont les avantages obtenus par la
présence de robots dans certaines situations ?"

Les robots sont généralement construits pour servir à ce que l'on appelle
communément les 3 D ;
Dull, Dirty and Dangerous.

Dans un environnement industriel, l'utilisation de robots permet d'effectuer des
tâches répétitives avec précision, à chaque fois. Les robots peuvent
généralement effectuer des tâches simples bien plus rapidement que les
humains. Cela entraîne une augmentation de la productivité et un meilleur
contrôle de la qualité des marchandises. Certains types de robots, notamment
ceux qui doivent prendre et déposer des objets fragiles, sont si précis qu'ils
peuvent s'arrêter à la largeur d'un cheveu humain des objets qu'ils doivent
manipuler. Les robots médicaux récoltent les fruits de cette précision, permettant
aux médecins d'opérer des patients qui se trouvent dans une autre ville ou à
l'autre bout du monde.

Les robots d'exploration et les robots militaires sont conçus pour éloigner les personnes des situations dangereuses. Les opérateurs de robots peuvent conduire un robot dans une zone dangereuse et utiliser les capteurs et les caméras embarqués pour recueillir des informations. Cela est particulièrement utile pour les missions de recherche et de sauvetage dans les zones sinistrées, où l'environnement peut être dangereux pour les humains qui partent à la recherche de survivants. Les robots de divertissement constituent une autre catégorie et offrent beaucoup de plaisir et d'intérêt aux gens. On les trouve généralement à la télévision, où ils mettent en avant les choses amusantes que les robots peuvent faire. La gamme de sophistication va des humanoïdes très complexes comme ASIMO et NAO aux jouets comme RoboSapien et le système LEGO® MINDSTORMS. Les robots domestiques, comme l'aspirateur Roomba, ont été les premiers à être commercialisés en tant que robots domestiques, tandis que des versions ultérieures ont été développées pour nettoyer les sols et les gouttières.   Le rêve d'un majordome robotisé qui ramasserait nos vêtements et ferait nos tâches ménagères n'est pas loin.

1.3. D'où vient le terme "Robot" ?

Si l'idée d'êtres artificiels existe depuis de nombreuses années, le terme "robot" a été inventé par l'écrivain tchèque Karel Čapek dans sa pièce R.U.R. (Rossum's Universal Robots) en 1920. Le mot est dérivé du tchèque "robota", qui se traduit par "travail forcé", "esclave" ou "servitude". Čapek attribue à son frère Josef la paternité du mot. Les robots sont surtout connus par le biais de films et d'ouvrages de science-fiction, comme La Guerre des étoiles et la série de livres "Robot" d'Asimov.

Les robots dans leur état actuel ont été développés pour la première fois dans les années 1950, avec le robot Unimate de George Devol, capable de soulever des pièces de métal chaudes d'une machine à couler sous pression et de les empiler. Le premier Unimate a été vendu à une usine d'assemblage de General Motors dans le New Jersey.

1.4. LES PRINCIPAUX COMPOSANTS POUR CONCEVOIR UN ROBOT

➕ **Capteurs** : Pour détecter les environnements

➕ **Actionneurs** : Pour le mouvement des robots et de leurs pièces

➕ **Contrôle** : Le contrôleur/processeur est le cerveau du robot.

➕ **Intelligence** : Commande écrite par l'utilisateur pour effectuer l'ensemble des actions souhaitées

➕ La **puissance** : Une nécessité pour faire fonctionner un système

➕ **Communication** : Le robot peut parler à un autre robot/PC

Pour simplifier, elle peut être développée comme suit

Les robots peuvent être décomposés en trois composants distincts : capteurs, calcul et actionneurs.

Les capteurs sont utilisés pour "sentir" l'environnement. Le robot utilise ces capteurs pour obtenir des informations sur l'endroit où il se trouve et sur ce qu'il fait. Différents capteurs peuvent être utilisés pour détecter différentes conditions, notamment la lumière et l'obscurité, la température, les capteurs de chocs, les ultrasons, les infrarouges... et la liste est encore longue.

Pensez aux sens dont dispose un être humain et à la façon dont un robot les reproduit. Les capteurs sont classés comme des entrées, c'est-à-dire qu'ils prennent des informations et les transmettent au cerveau du robot.

Le composant de calcul consiste en un ordinateur embarqué que le robot utilise pour traiter les informations provenant de ses capteurs. Il peut s'agir d'un petit nombre de circuits intégrés ou d'un ordinateur personnel complet. Le niveau de complexité des tâches requises déterminera la capacité de calcul nécessaire au robot.

Le dernier composant distinct d'un robot est son actionneur. Les actionneurs sont une façon élégante de dire "les pièces qui font des choses". Il peut s'agir de moteurs dans les roues   ou de moteurs qui font aller et venir les bras. Il peut également s'agir de pistons hydrauliques ou de cylindres pneumatiques. Les actionneurs sont une forme de sorties, au même titre que les lumières et les haut-parleurs. L'ordinateur du robot demande à ces sorties d'effectuer différentes tâches. D'une manière générale, les capteurs fournissent les informations aux ordinateurs, qui à leur tour indiquent aux moteurs ce qu'ils doivent faire.

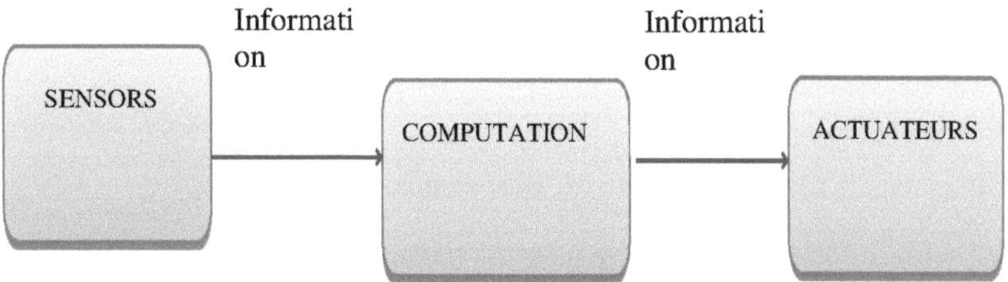

Chemin du flux d'informations dans un robot

NOTES AU PROFESSEUR

Les principaux points à retenir :

- Introduction à la robotique.
- Connaissance du dispositif de sortie/entrée

Aides pédagogiques :

- Les interactions sont indispensables ici

- Présentations multimédia
- Il faut consacrer un cours aux fiches de travail des élèves pour discuter de la réponse au sein de la classe.

Points supplémentaires :

Posez les questions suivantes au groupe pendant le cours.

- Qu'est-ce qu'un robot ?
- D'où vient le terme "robot" ?
- Nommez quelques types de robots
- Pourquoi avons-nous des robots ? / Quelle fonction remplissent-ils dans la société ? W
- uels sont les principaux composants d'un robot ?

Activités complémentaires Toutes les questions suivantes peuvent être utilisées pour promouvoir une discussion plus approfondie :

- Quelles sont les différences entre les robots réels et les robots fictifs ?

- Quels sont les attributs des robots dont on ne fait encore que rêver ?
- Les robots doivent-ils avoir des droits ? Un robot a-t-il le droit d'être soigné et entretenu ?
- Le concept d'abus de robot existe-t-il ?

- Regardez le film ou lisez le livre "Bicentennial Man".

- Un robot doit-il être rémunéré pour son travail ?
- Quelle forme doit prendre le paiement ? Monétaire ? Des améliorations ?
- Regardez le film ou lisez le livre "I, Robot".
- Les robots peuvent-ils être accusés d'un crime ?

- Si quelqu'un est blessé par un robot, s'agit-il d'un crime ou d'un dysfonctionnement ?

- Les robots vont-ils rendre certains emplois superflus ?
- Les robots remplacent de nombreuses personnes qui occupent des emplois ennuyeux, sales ou dangereux.
- Les robots qui occupent des emplois ennuyeux obligeront-ils les gens à acquérir des compétences plus complexes ?
- La prolifération des robots entraînera-t-elle une augmentation des emplois de maintenance robotisée ? Quelles sont les autres nouvelles technologies qui ont menacé des emplois par le passé ?
Révolution industrielle, etc.
- Examinez la mission de la RoboCup pour 2050 - www.robocup.org

"D'ici 2050, développez une équipe de robots humanoïdes entièrement autonomes capables de gagner contre le groupe humain champion du monde de football."

Évaluation Les élèves doivent présenter un rapport sur les robots. Il peut s'agir d'un rapport, d'un diaporama, d'une affiche ou d'un rapport oral. Les élèves donneront un bref aperçu de la robotique basé sur la discussion précédente et effectueront une analyse plus approfondie d'un robot particulier approuvé par l'enseignant.

La liste suivante est une bonne liste de robots du monde réel.

- ASIMO, NAO, AIBO, Roomba
- Spirit / Opportunity / Curiosity (rovers de la NASA) Pathfinder Sojourner
- Bras PUMA, bras SCARA

Décidez du format du travail (écrit, multimédia, etc.). La date d'échéance est laissée à la discrétion de l'enseignant.

FEUILLE DE TRAVAIL

1.1. Évaluation Créer un rapport sur la robotique.

Votre professeur vous indiquera le format du rapport. Les questions suivantes devront être abordées dans votre travail.

- Qu'est-ce qu'un robot ?
- Énoncez les trois lois de la robotique. Pourquoi avons-nous des robots ?
- Citez différents types de robots.
- Quels sont les principaux composants d'un robot ? D'où vient le terme "Robot" ?
- Nommez quelques-uns des films dans lesquels vous avez vu un robot. Décrivez brièvement le robot que vous avez choisi.

1.2. Évaluation Créer un rapport sur la robotique.

Choisissez un robot et approfondissez-le. Vous devez faire approuver votre choix de robot par votre professeur avant de commencer vos recherches. Vous devrez inclure les informations suivantes dans votre rapport :

- Capteurs - Quelles informations reçoit-il ? (par exemple, le son, la distance, etc.) Logiciel - Que fait-il ? (par exemple, aspirer les sols, explorer l'espace)
- Mécanique - De quels matériaux est-il fait ? Comment se déplace-t-il ? (par exemple, moteurs, bras et châssis métalliques)

Robot choisi _______________________________Date d'échéance ______________

Type de présentation ____________________Limite de pages / diapositives __

CHAPITRE 2

GRAPHIQUE D'ÉCOULEMENT

2.1 Qu'est-ce qu'un organigramme ?

Un organigramme est un type de diagramme qui représente un algorithme, un flux de travail ou un processus, en montrant les étapes sous forme de cases de différents types, et leur ordre en les reliant par des flèches. Cette représentation schématique illustre un modèle de solution à un problème donné. Les organigrammes sont utilisés pour analyser, concevoir, documenter ou gérer un processus ou un programme dans divers domaines.

2.2 Symboles couramment utilisés dans les diagrammes de flux :

ANSI/ISO Forme	Nom	Description
→	Ligne d'écoulement (Arrowh ea)	Indique l'ordre de fonctionnement du programme. Une ligne partant d'un symbole et se terminant à un autre. 14] Des flèches sont ajoutées si le flux n'est pas le flux standard de haut en bas et de gauche à droite.
(forme de stade)	Terminal	Début ou fin d'un programme ou d'un sous-processus. Représentés sous la forme d'un stade, d'un ovale ou d'un rectangle arrondi (filet). Ils contiennent généralement le mot "Début" ou "Fin", ou une autre phrase signalant le début ou la fin d'un processus, comme "soumettre une demande" ou "recevoir un produit".
(rectangle)	Processu s	Ensemble d'opérations qui modifient la valeur, la forme ou l'emplacement des données. Représenté sous la forme d'un rectangle

	Décision	Opération conditionnelle déterminant lequel de deux chemins le programme va prendre. L'opération est généralement une question oui/non ou un test vrai/faux. Représenté comme un losange (rhombus)

2.3 Structures d'organigramme
1. Structure séquentielle

	Entrée/Sortie [15]	Entrée et sortie de données,[15] comme dans la saisie de données ou l'affichage de résultats. Représenté comme un parallélogramme. [14]
	Annotation(Commentaire)	Informations supplémentaires sur une étape du programme. Représenté comme un rectangle ouvert avec une ligne pointillée ou pleine le reliant au symbole correspondant dans l'organigramme. [15]
	Processus prédéfini	Processus nommé qui est défini ailleurs. Représenté sous la forme d'un rectangle aux bords verticaux doublement frappés.
	Connecteur sur la page [14]	Des paires de connecteurs étiquetés remplacent les lignes longues ou confuses sur une page d'organigramme. Représentés par un petit cercle avec une lettre à l'intérieur. [14][18]
	Connecteur hors-page [14]	Un connecteur étiqueté à utiliser lorsque la cible se trouve sur une autre page. Représenté comme un pentagone en forme de plaque d'accueil. [14][18]

Une Série de processus qui se suivent dans l'ordre. Par exemple, pour se laver les cheveux ;

1. Cheveux mouillés
2. Appliquer le shampooing

3. Rincer

2. Structure séquentielle Structure de prise de décision

Il existe une condition qui peut modifier l'ordre ou les types de processus à suivre.

Par exemple, si le feu est rouge, alors je m'arrêterai.

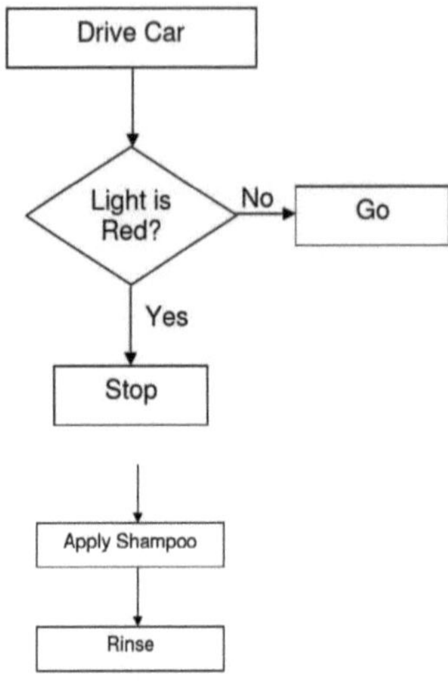

Dans le cas contraire, j'irai.

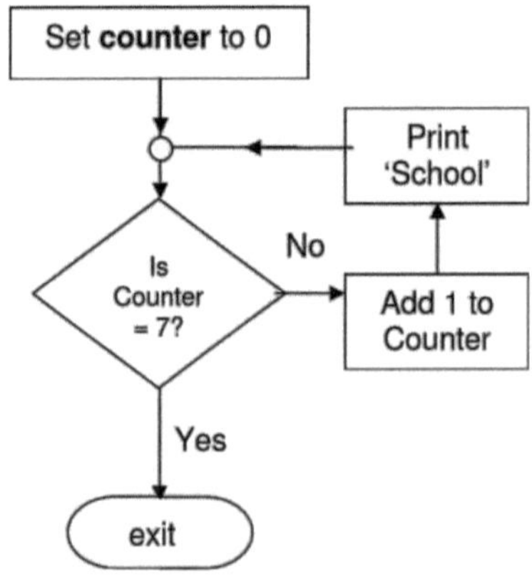

3. Structure en boucle

Souvent, on peut souhaiter effectuer le même
un ensemble de processus un certain nombre de fois, nous pouvons effectuer une boucle et effectuer le même ensemble d'actions encore et encore jusqu'à ce qu'une condition STOPPING se produise. Défaut de fournir une condition d'ARRÊT
fera entrer le processus dans une BOUCLE INFINIE

Un exemple de LOOP pourrait être d'afficher le mot "SCHOOL" à l'écran 7 fois.

Structure séquentielle Une série de processus qui se suivent dans l'ordre.

Par exemple, pour se laver les cheveux : 1. Mouiller les cheveux 2. Appliquer le shampooing 3. Rincer

2.4 Quelle est la différence entre un algorithme et un organigramme ?

L'algorithme est un ensemble d'opérations qui doivent être effectuées étape par étape pour résoudre un certain problème. Par exemple, une instruction if dans un programme a l'algorithme si une condition donnée est vraie, un certain bloc de programmes est exécuté.

Un organigramme est une représentation pictographique d'un algorithme ; il est plus facile de visualiser un grand algorithme et de résoudre les problèmes éventuels. En continuant le même exemple, une instruction if est représentée dans l'organigramme comme une boîte de décision en forme de diamant avec une condition écrite à l'intérieur, une entrée et deux sorties, c'est-à-dire oui ou non, qui sont connectées à un autre algorithme en fonction de la décision respective.

Les principaux points à retenir :

NOTES AU PROFESSEUR

🔱 Diagramme d'introduction.
🔱 L'étudiant doit être capable de créer un algorithme / diagramme de flux pour un problème donné.

Aides pédagogiques :

➕ Les interactions sont indispensables ici Présentations multimédia
➕ Il faut utiliser un logiciel d'organigramme à source ouverte.
➕ Il faut consacrer un cours aux fiches de travail des élèves pour discuter de la réponse avec la classe.

Points supplémentaires :

Posez les questions suivantes au groupe pendant le cours.

➕ Expliquez chaque concept à l'aide d'un scénario en temps réel. Citez quelques utilisations de l'organigramme.
➕ Énumérer les étapes à suivre
➕ Reconnaître diverses structures comme la séquence, la sélection et la répétition dans un organigramme pour un scénario en temps réel.

Activité de groupe :

Divisez la classe en quatre équipes : DONNÉES D'ENTRÉE, OPÉRATIONS, DÉCISION, et SORTIE. Nommez une personne de l'équipe d'entrée et de l'équipe de sortie pour jouer le rôle de la boîte de départ et de la boîte d'arrivée respectivement. Chaque groupe a une tâche à accomplir en fonction des instructions qui lui sont données par une autre équipe.

FEUILLE DE TRAVAIL

2.1 Expliquez ce qui se passe dans cet organigramme.

Problem: _______________

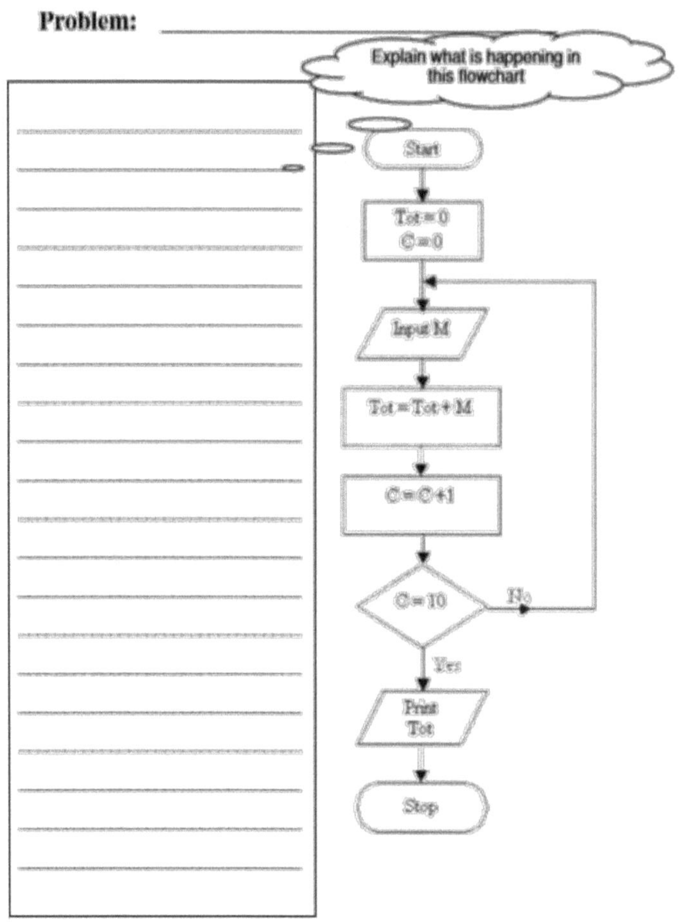

2.2 Entrez une note. Imprimez 'Fail' si elle est inférieure à 50, sinon imprimez 'Pass'.

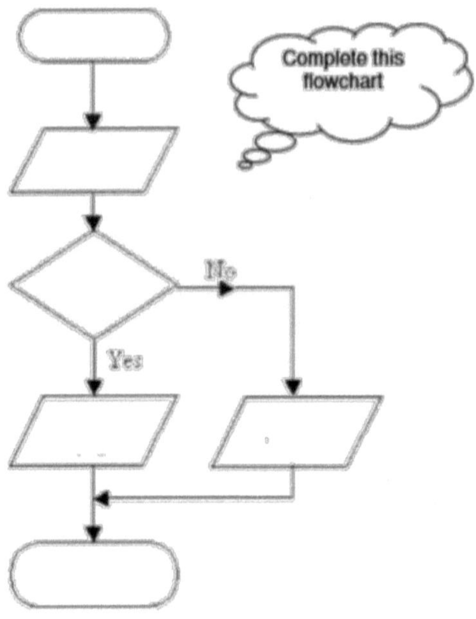

2.3 Faites correspondre les éléments d'un organigramme et leur but d'utilisation dans les exemples suivants :

Purpose	Use
Calculate total of A, B, C	Loop
Indicate that the problem has been solved.	Start
Find if a number is greater than the other	Process
Read a number and calculate the factorial of the number.	Input
Read three numbers	Stop
Print the total	Decision
Indicate beginning of a problem solving flow.	Output

2.4 Pour chacun des problèmes ci-dessous, dessinez un organigramme :

En entrant la longueur L et la largeur B, calculer et sortir l'aire d'un rectangle.

L'utilisateur saisit le rayon et l'organigramme calcule et affiche l'aire d'un cercle. Imprimez le nombre de 1 à 100 (Conseil : utilisez un compteur et une boucle).

⬥ Saisissez 20 notes et imprimez leur moyenne.

⬥ Entrez 40 notes. Comptez et imprimez combien de notes sont inférieures à 50 Entrez M et imprimez le carré de M s'il est compris entre 1 et 10.

⬥ Saisir une note. Calcul et édition de la note d'un élève ; 80 < A <= 100

60 < B <= 80

40 < C <= 60

0 <= U <= 40

2.5 Les évaluations A, B, C sont les notes obtenues par un élève en sciences, en mathématiques et en anglais.

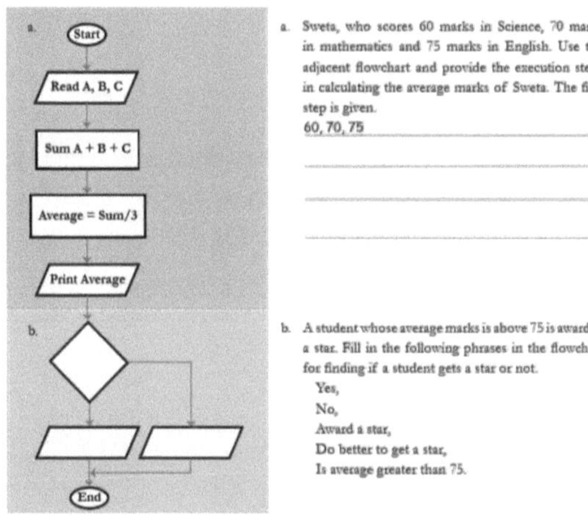

a. Sweta, who scores 60 marks in Science, 70 marks in mathematics and 75 marks in English. Use the adjacent flowchart and provide the execution steps in calculating the average marks of Sweta. The first step is given.

60, 70, 75 _______________________________

____

____

____

b. A student whose average marks is above 75 is awarded a star. Fill in the following phrases in the flowchart for finding if a student gets a star or not.

Yes,

No,

Award a star,

Do better to get a star,

Is average greater than 75.

c. Sweta reçoit-elle une étoile ? Oui ou non ?

d. Indiquez dans les cases vides les notes moyennes de chaque élève et si l'élève reçoit une étoile ou non.

La boisson de Riya est

	Science	Mathematics	English
Riya	75	80	72
Suman	72	70	82

__. Donc elle est ________________________une star.

La moyenne de Suman est de ____. Elle est donc _________une étoile e.Les trois principales étapes de l'organigramme donné sont les suivantes

I. Lire les notes de trois étudiants

II. __

III. ______

CHAPITRE 3

BASICS

3.1 MOTEUR

Le moteur est un dispositif qui convertit l'énergie électrique en énergie mécanique. Il existe différents types de moteurs dans le monde actuel. Moteurs à courant alternatif, moteurs à courant continu, moteurs pas à pas, servomoteurs, moteurs à induction, etc. Les moteurs sont choisis en fonction des besoins et des exigences.

3.2 PRINCIPE DE FONCTIONNEMENT

Le principe est le suivant : un conducteur parcouru par un courant, placé dans un champ magnétique, subit une force mécanique. La direction de cette force est donnée par la règle de la main gauchede Fleming.

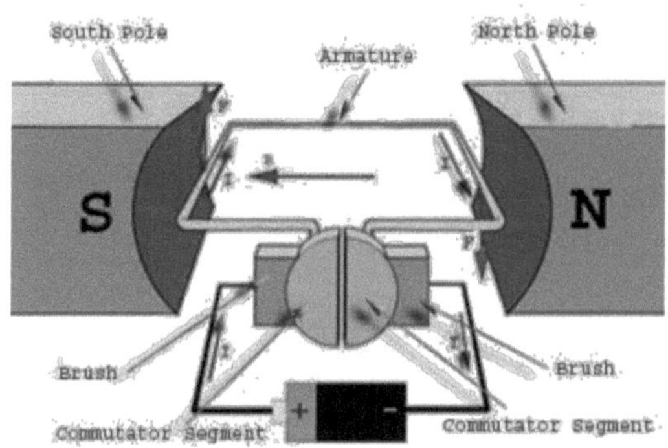

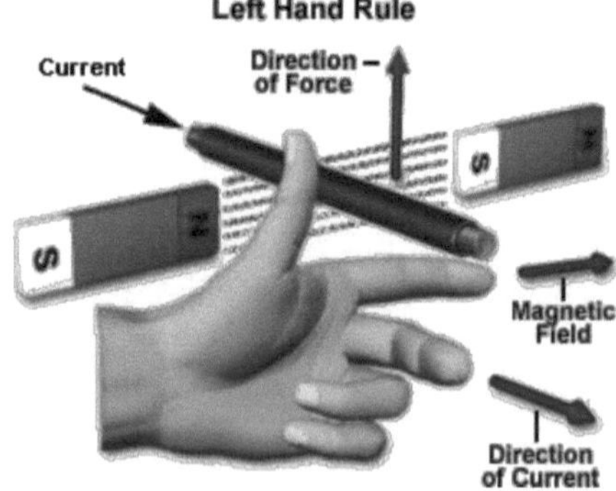

L'index représente la direction du flux du champ magnétique, le majeur représente la direction du flux du courant et le pouce représente la direction de la force. Ainsi, lorsque le conducteur métallique est placé dans le champ magnétique et que le courant est fourni au conducteur, il subit une force qui entraîne la rotation du moteur.

3.3 DÉPLACER LE BLOC DE DIRECTION :

Le sélecteur de port identifie les ports auxquels les moteurs sont connectés. Assurez-vous que le moteur gauche est connecté au port B et le moteur droit au port C. Si ces ports sont mal placés, notre robot tournera à gauche lorsque nous lui dirons de tourner à droite et vice versa.

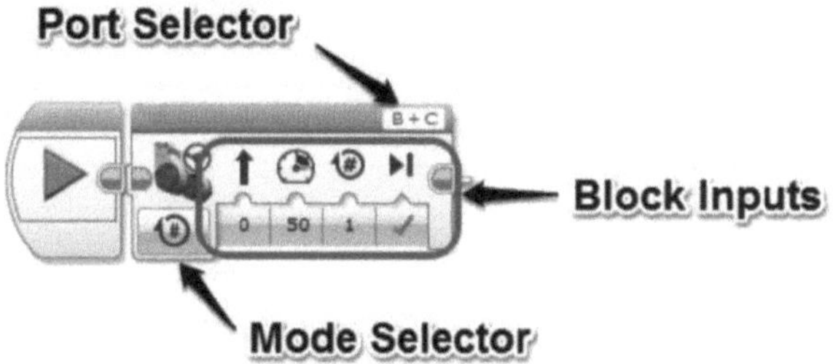

Le sélecteur de mode permet de sélectionner la manière dont vous souhaitez contrôler la durée de rotation des roues : OFF, ON, On pendant un certain nombre de secondes, On pendant un certain nombre de degrés ou On pendant un certain nombre de rotations.

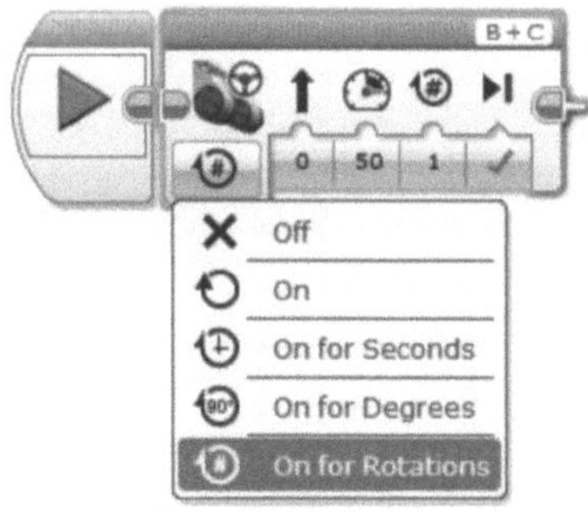

3.3.1 Blocs d'entrées :

Les entrées de bloc changent en fonction du sélecteur de mode choisi.

Direction : L'entrée peut être donnée sous forme de nombre ou en faisant glisser la barre coulissante. 0" signifie tout droit, "-100" signifie un virage serré à gauche et "100" un virage serré à droite. Les nombres entre ces limites donneront des virages variés, allant de virages progressifs à des virages très serrés.

Puissance : Les données peuvent être données en chiffres ou en faisant glisser la barre de défilement. 100" signifie "aussi vite que possible" en avant, "-100" signifie "aussi vite que possible en arrière" et "0" signifie aucune puissance (en fait un arrêt). Les nombres situés entre ces limites font que le robot se déplace à des vitesses différentes, en avant ou en arrière.

Rotations / Degrés / Secondes : Cette entrée (visible en fonction du mode de sélection choisi) spécifie la distance parcourue par les roues du robot, par exemple, '2' en mode Rotations fera tourner les roues du robot de deux rotations, '4,5' en mode Secondes fera tourner les roues du robot pendant quatre secondes et demie.

Freiner à la fin : Une fois que le robot a terminé son mouvement, il peut soit appliquer immédiatement les freins aux moteurs (VRAI), soit laisser les moteurs s'arrêter (FAUX).

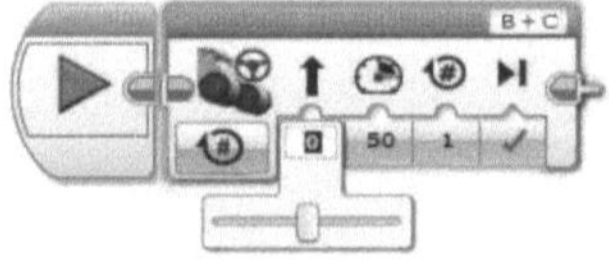

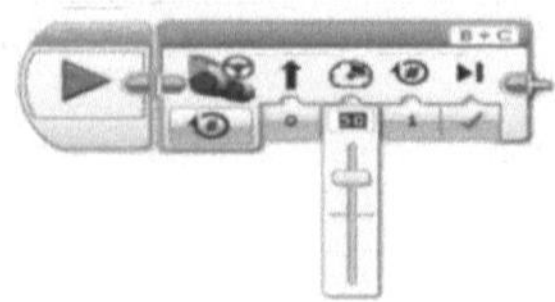

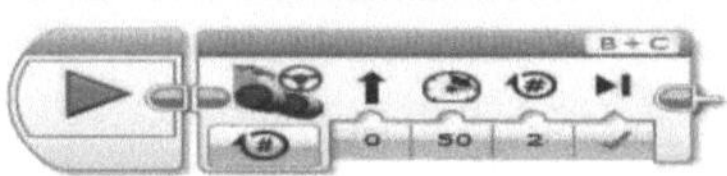

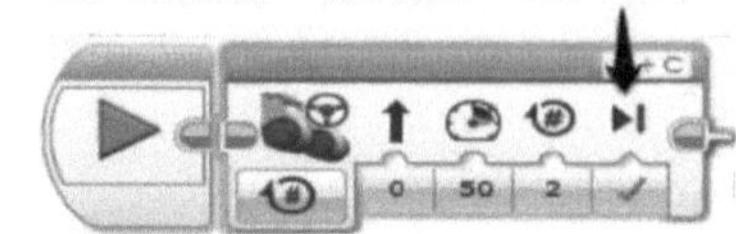

3.4 BLOCAGE SONORE :

Le Sound Block dispose de quatre modes différents qui peuvent être sélectionnés. Chaque mode possède des paramètres légèrement différents qui peuvent être configurés. L'option Stop arrête tous les sons en cours de lecture.

3.4.1 Play Tone : Joue une tonalité d'une fréquence spécifique mesurée en Hertz (Hz). Le volume et la durée peuvent également être spécifiés. Le paramètre Action comporte trois options :

Attendez que le son se termine avant de poursuivre Jouer une seule fois

Répéter

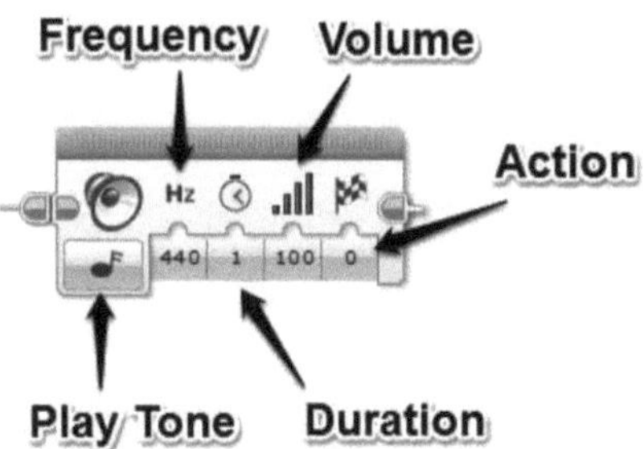

3.4.2 Play Note : Joue une note de musique spécifique. Le volume et la durée peuvent également être spécifiés. La note à jouer peut être choisie soit par le clavier du piano, soit en tapant la note de musique elle-même. A-G représente les notes d'une échelle musicale et 4-6 indique l'octave. Par exemple, A5 est une note A une octave au-dessus de A4.

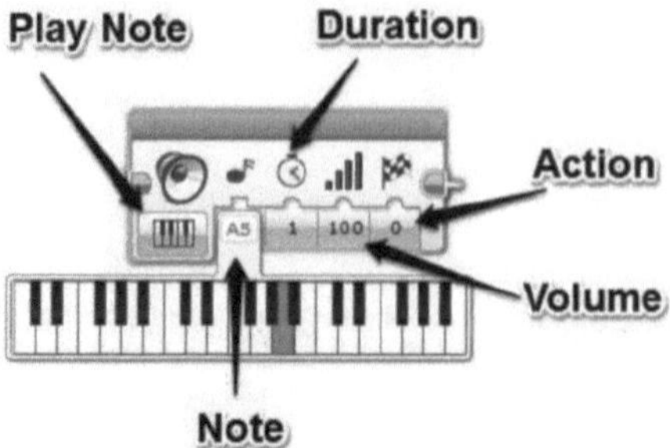

3.4.3 Fichier de lecture : Le logiciel EV3 est fourni avec une vaste gamme de fichiers sonores préenregistrés tels que " Good Morning ", " Hooray ! " et divers bourdonnements, bips et clics. On peut accéder à la liste complète en cliquant sur le coin supérieur droit du bloc. Les sons du projet sont les effets sonores qui sont déjà utilisés dans votre projet. LEGO Sound Files liste tous les sons qui sont disponibles.

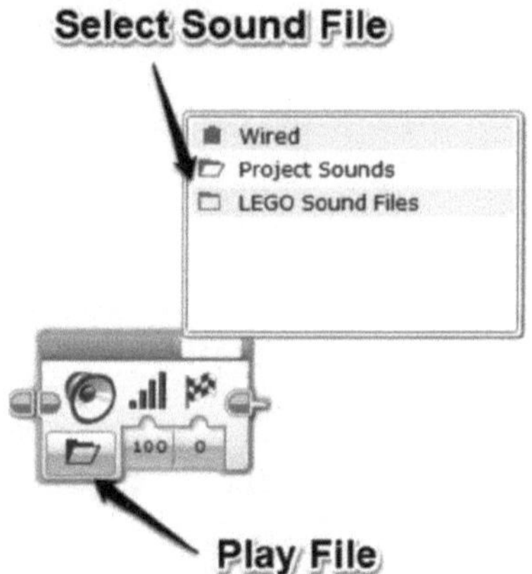

3.5 BLOC D'AFFICHAGE :

Le bloc d'affichage possède deux modes que nous utiliserons le plus : Image et Texte. Le mode Image, similaire au bloc Son, propose une liste importante d'images pré-dessinées. La position de l'image sur l'écran de l'EV3 peut être modifiée en ajustant les paramètres d'entrée X et Y du bloc.

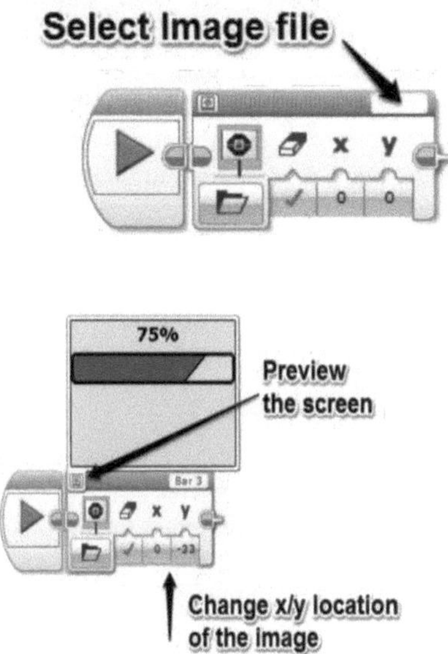

3.6 BLOC DE STATUT DE LA BRIQUE :

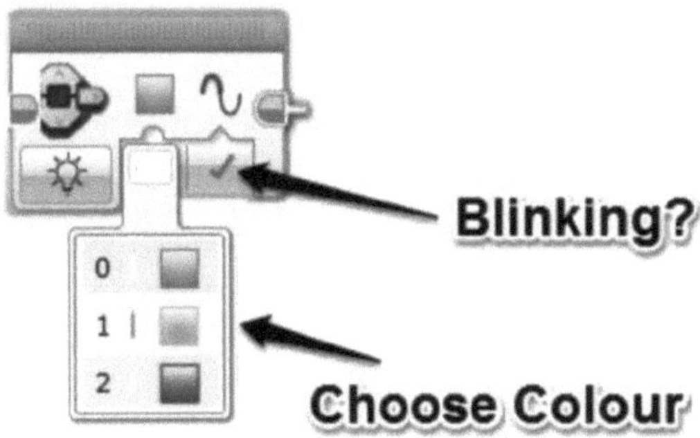

Sous les boutons de la brique EV3 physique se trouvent plusieurs LED (diodes électroluminescentes) de couleur. Elles clignotent généralement en vert pendant l'exécution d'un programme, mais elles peuvent également être contrôlées par le programme lui-même. Le Brick Status Block permet d'allumer ou d'éteindre les lumières, de choisir une couleur (vert, orange ou rouge) et de définir si elles clignotent ou non.

3.7 DISTANCE :

Les élèves programment leur robot pour qu'il se déplace pendant 1 seconde à un niveau de puissance spécifique. Ils refont la même expérience, cette fois pour 1,5 seconde au même niveau de puissance. Les élèves doivent prendre autant de mesures que le temps le permet avec une grande variété de temps. Encouragez les élèves à effectuer plusieurs essais et à prendre la moyenne de toutes leurs données afin de réduire l'impact des erreurs expérimentales. Augmentez sans cesse la durée de déplacement du robot et enregistrez la distance.

En reportant la distance parcourue (axe vertical) en fonction du temps écoulé (axe horizontal), les élèves sont en mesure de construire un graphique de leurs données. Ils devraient constater qu'il existe une relation linéaire (ligne droite) entre le temps programmé et la distance parcourue. La pente de cette ligne est la vitesse du robot (distance/temps).

NOTES AU PROFESSEUR

Les principaux points à retenir :

⬛ Introduction des blocs de base.
⬛ Relation entre la distance et le temps
⬛ Relation entre puissance, temps et vitesse

Aides pédagogiques :

⬛ Les interactions sont indispensables ici

⬛ Présentations multimédia sur la distance, la puissance et la vitesse

⬛ Il est nécessaire de consacrer un cours aux fiches de travail des élèves pour discuter de la réponse avec la classe.

Points supplémentaires :

Posez les questions suivantes au groupe pendant le cours.

⬛ Si cette même expérience est réalisée sur un tapis, les élèves peuvent s'attendre à voir une diminution de la distance du robot. Pourquoi y a-t-il une diminution de la distance du robot ?

⬛ Qu'est-ce que l'on appelle Circonférence, Distance et Vitesse ? Que se passe-t-il lorsque vous utilisez un niveau de puissance négatif ?

⬇ A quoi se réfère le "1 rotation" dans les commandes du bloc de direction du mouvement ?

PROJET MINI

1. FEUILLE DE TRAVAIL - NOTIONS DE BASE :

Nom du groupe ___________________Membres du groupe ___________________

Projet :
L'ISRO est à la recherche d'un nouveau rover planétaire pour explorer la planète Tobor-3, récemment découverte. Vous devez construire et tester un robot capable de suivre un ensemble de commandes pour explorer la surface de la planète. Avant que le robot ne soit déployé, il doit être soumis à des tests approfondis pour s'assurer qu'il fonctionnera comme prévu. Vous ne pouvez pas envoyer un technicien sur Tobor-3 pour redémarrer le robot !

Avant d'envoyer notre robot dans l'espace, nous devons d'abord le tester minutieusement ici sur terre. Réalise les expériences suivantes et observe le comportement de ton robot. Ne passe pas à l'expérience suivante avant que ton professeur n'ait vu ton expérience actuelle.

Avancez pendant 2 rotations des roues Quelle distance votre robot a-t-il parcouru ? ___________

Conduite en avant pour 2 degrés des roues Quelle distance votre robot a-t-il parcouru ? ___________

Avancez pendant 2 secondes des roues Quelle distance votre robot a-t-il parcouru ? ___________

Quelle est la circonférence de la roue des robots ?
(Conseil : vous devrez mesurer le diamètre de la roue). ___________________

Quelle distance le robot peut-il parcourir si les roues effectuent 3 rotations ? ___

Programmez votre robot pour qu'il effectue 3 rotations et mesurez la distance qu'il parcourt. Va-t-il aussi loin que prévu ?
Faites 5 rotations en avant lentement, puis 1800 degrés en arrière aussi vite que possible.
Faites tourner votre robot sur un cercle complet (360 degrés). Que s'est-il passé ?

De combien votre robot a-t-il tourné si vous tapez 360° ?

____

De combien de degrés de la roue votre robot a-t-il besoin pour tourner un cercle complet ? (indice : continuez à expérimenter jusqu'à ce qu'il soit parfait !)

____

Avancez de 500 mm (OU 20 pouces), faites demi-tour à 180° et revenez à votre point de départ.
De quelle durée avez-vous besoin pour avancer de 500 mm (20 pouces) ?
(Conseil : regardez la circonférence de votre roue, cela vous indiquera la distance parcourue par votre robot en une rotation).

____

Faites en sorte que votre robot se déplace en "huit".
(Conseil : dessinez d'abord un schéma dans l'espace ci-dessous avant de commencer à programmer. N'oubliez pas de marquer votre point de départ).

2. FEUILLE D'EXERCICES - DISTANCE :

Nom du groupe ________________Membres du groupe _________________

Projet :

Lors de la construction initiale du robot, les caractéristiques de déplacement sont requises. Après avoir caractérisé les propriétés, la NASA a demandé d'utiliser vos données pour faire des prédictions sur la distance que votre robot parcourra en fonction de contraintes de temps spécifiques.
Votre groupe se verra attribuer un niveau de puissance aléatoire à évaluer. Niveau de puissance assigné ______

Pour cette expérience, vous devrez mesurer la distance parcourue par le robot pour différentes valeurs de temps (par exemple, 1 seconde, 2 secondes, 3,5 secondes, etc.). Plus vous recueillerez de données, plus votre graphique sera précis.

Tracez les résultats soit sur le graphique, soit dans un logiciel graphique.
(Conseil : vous devrez connaître les temps les plus petits et les plus grands que vous avez testés, ainsi que les distances les plus petites et les plus grandes afin

de pouvoir déterminer les échelles de l'axe horizontal et vertical).

Une fois que vous avez tracé vos données, pouvez-vous voir une relation entre le temps pris et la distance parcourue ?
En regardant le graphique, pouvez-vous déterminer combien de secondes votre robot
aurait besoin de parcourir exactement 30cm (12 pouces) ? _________________
secondes
Que diriez-vous de 1,5 m (59 pouces) ? secondes _________________

Votre professeur vous attribuera une distance d'essai. De combien de temps votre robot a-t-il besoin pour parcourir cette distance particulière ?

Distance du test = _______________ Temps requis = _________________ secondes

3. FEUILLE DE TRAVAIL - VITESSE :

Nom du groupe _________________ Membres du groupe _________

Projet :
Pour pouvoir commander le robot avec précision, vous devez comprendre à quelle vitesse il peut aller et quelles propriétés peuvent modifier ses performances. La NASA a demandé un rapport détaillé, étayé par les données que vous avez recueillies sur votre robot.
Faites avancer votre robot pendant 5 rotations à 50 % de sa puissance.

Combien de temps a-t-il fallu pour faire 5 rotations ? _________________ sec
Qu'en est-il de la puissance de 10% ? _________________ sec
70% de puissance ? _________________ sec

PROJET :
Vue d'ensemble :

Fanuc Robotics a prévu un nouveau projet pour développer des robots qui se déplaceront dans la ville en tant que patrouille. Votre équipe a été sélectionnée sur la base de vos rapports précédents (distance, vitesse) et Fanuc Robotics a demandé à votre équipe de développer le robot et de s'occuper uniquement des opérations de déplacement. Le robot de patrouille doit partir de la station, parcourir la ville à différentes vitesses et revenir à la station.

Définir le problème

Dressez la liste du problème que vous avez identifié à partir du scénario - ce que vous attendez de votre système.

Il est très important de documenter votre travail pendant le processus de conception. Consignez tout ce que vous pouvez en utilisant des croquis, des photos et des notes.

____

____

____

____

Brainstorming

Travail individuel : Maintenant que vous avez défini un problème, prenez trois minutes pour trouver des idées pour le résoudre. Soyez prêt à partager vos idées avec votre groupe.

Utilisez des briques LEGO® et des croquis pour explorer vos idées.

Travail en groupe : Partagez et discutez vos idées pour résoudre le problème.

Parfois, les idées simples sont les meilleures. Essayez toutes vos idées

Définir les critères de conception

Vous devriez avoir généré un certain nombre d'idées. Choisissez maintenant la meilleure à réaliser.

Sur la base de votre discussion de brainstorming, écrivez deux ou trois critères de conception spécifiques que votre conception doit respecter :

Exemple de critères de conception : La conception doit... La conception devrait... La conception pourrait...

1. _

2. _

3. _

Allez faire

Il est temps de commencer à fabriquer. Utilise les composants du jeu LEGO®
pour réaliser la solution que tu as choisie. Testez et analysez votre conception au
fur et à mesure et notez toutes les améliorations que vous apportez.

Vous pouvez utiliser d'autres matériaux de la classe.

Examinez et révisez votre solution

Avez-vous réussi à résoudre le problème que vous avez défini au début de la
leçon ? Repensez à vos trois critères de conception.

Votre solution fonctionne-t-elle bien ? Utilisez l'espace ci-dessous pour suggérer
trois améliorations à votre conception.

1. _

2. _

3. _

Communiquez votre solution

Maintenant que vous avez terminé, faites un croquis ou prenez une photo de
votre modèle, étiquetez les trois parties les plus importantes et expliquez leur
fonctionnement. Vous êtes maintenant prêt à présenter votre solution à la classe.

Prenez une vidéo du système en fonctionnement et conservez toutes les
esquisses et une vidéo de présentation de votre système, chacune expliquant au
moins un module de votre système pour évaluation.

Evaluez vous

Badge	Bronze	Argent	Or	Platine
Tâches	Nous avons compris la conception problème.	Nous avons défini un problème de conception et en a utilisé un critères de conception et l'idée de construire notre solution.	Nous avons obtenu l'argent et utilisé deux modèles critères et des idées pour construire notre solution.	Nous avons obtenu l'or et utilisé trois modèles critères et idées pour construire un efficace solution.

Votre évaluation : __________**Évaluation de l'instructeur :** ___________

Quelle a été la partie la plus difficile de ce défi ?

CHAPITRE 4

LOOPS

4.1 SQUARE PATH :

Pour que notre robot se déplace dans un carré, nous devrons le programmer pour qu'il avance, tourne à 90 degrés, avance, tourne à 90 degrés, avance, tourne à 90 degrés, avance et effectue un dernier virage à 90 degrés.Pour dessiner un carré, nous avons décidé de planifier chaque étape individuelle, ce qui donne 8 blocs (4 côtés et 4 coins).

Mais si on leur demande comment ils feraient un hexagone ou un triangle, on peut les guider vers la compréhension de la nécessité de répéter des sections de code, c'est-à-dire avancer et tourner, puis répéter un certain nombre de fois. Ceci peut être réalisé avec le bloc de boucle.

Si nous regardons attentivement le programme, nous pouvons voir qu'il consiste à avancer, à tourner de 90 degrés et à le répéter 4 fois.

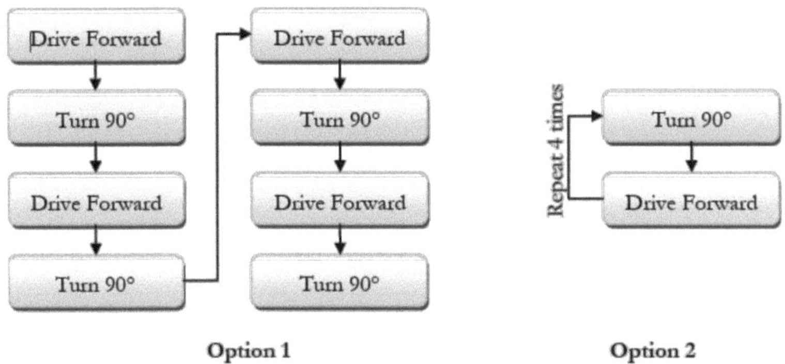

Driving in a square. Which is easier?

4.2 L'IMPORTANCE DU BOUCLAGE :

➡ Peut effectuer des tâches en quelques secondes tout en réduisant, dans une large mesure, le temps et les efforts des utilisateurs.

35

Une séquence d'instructions qui est continuellement répétée jusqu'à ce qu'une certaine condition soit atteinte.

Nous pouvons utiliser le bloc de boucles pour réaliser cette forme plus simple de programmation. Tout ce qui se trouve à l'intérieur du bloc de boucle sera répété en fonction des valeurs que nous spécifions.

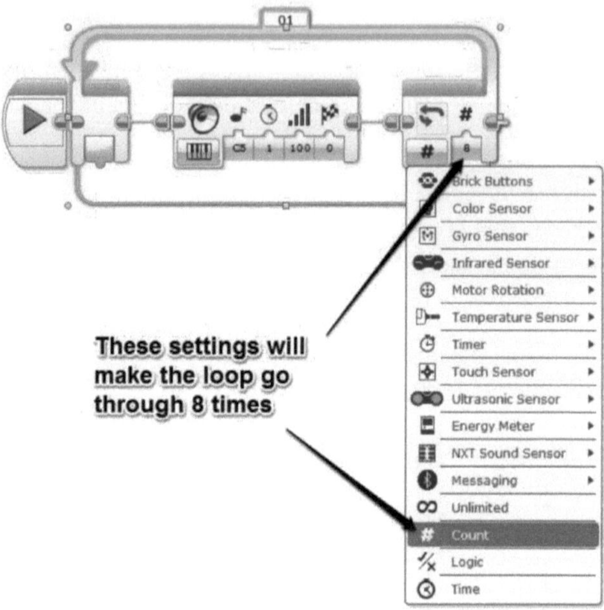

4.3 LES DÉFIS DES BOUCLES :

L'erreur cumulée devient un facteur lors de l'utilisation du bloc de boucles. Si une erreur se produit en un point quelconque, l'erreur se cumule et nous ne pouvons pas obtenir le résultat attendu à cause de cette erreur. Par exemple, supposons que le robot tourne de 92 degrés au lieu de 90 degrés. Pour l'œil humain, le premier virage semble correct, mais au fur et à mesure que le robot progresse autour du carré, l'erreur de 2 degrés de chaque virage s'accumule en une erreur de 8 degrés à la fin du carré.

4.4 BLOCAGE D'ATTENTE :

Le bloc Attendre fait en sorte que votre programme attende quelque chose avant de passer au bloc suivant dans la séquence. Vous pouvez attendre un certain temps, qu'un capteur atteigne une certaine valeur ou que la valeur d'un capteur change.Le bloc Attendre n'arrête pas votre robot. Si des moteurs sont activés au début du bloc, ils le resteront pendant l'attente.

4.41 Entrées du sélecteur de mode

Utilisez le sélecteur de mode pour sélectionner un mode d'attente. Choisissez le mode Temps pour attendre une durée spécifiée en secondes. Choisissez un type de capteur et un mode Comparaison pour attendre que le capteur atteigne une certaine valeur. Choisissez un type de capteur et un mode Changement pour attendre que le capteur atteigne une nouvelle valeur ou qu'il change d'une certaine quantité.

Modes : Temps, Modes de comparaison de capteurs, Modes de changement de capteurs

Temps : en mode Temps, le bloc Attendre attend le temps que vous avez spécifié dans l'entrée Secondes. Le temps est mesuré à partir du début du bloc d'attente.

MODES DE COMPARAISON DES CAPTEURS :

Chacun des types de capteur répertoriés dans le bloc Attente possède un ou plusieurs modes de comparaison. Un mode de comparaison lit continuellement les données du capteur et attend qu'elles atteignent une valeur que vous spécifiez. Certains types de données de capteur peuvent être comparés à une valeur seuil, et d'autres types peuvent être comparés à certaines valeurs spécifiques.

LES MODES DE CHANGEMENT DE CAPTEUR :

Chacun des types de capteur répertoriés dans le bloc Wait (Attendre) possède un ou plusieurs modes Change. Un mode de changement lit continuellement les données du capteur et attend qu'elles prennent une valeur différente ou qu'elles changent d'une quantité que vous spécifiez.

4.5 BLOCAGE DE BOUCLE :

Le bloc Loop est un conteneur qui peut contenir une séquence de blocs de programmation. Il fait répéter la séquence de blocs qu'il contient. Nous pouvons choisir de répéter les blocs à l'infini, un certain nombre de fois, ou jusqu'à ce qu'un test de capteur ou une autre condition soit vrai. Seuls les blocs contenus dans la boucle seront répétés. Une fois la boucle terminée, le programme continue avec les blocs qui se trouvent après la boucle.

Utilisez le sélecteur de mode pour contrôler la façon dont la boucle se répète.

Les différents modes spécifient la condition qui mettra fin à la boucle. Par exemple, vous pouvez faire en sorte que la boucle se répète un certain nombre de fois, qu'elle se répète jusqu'à ce qu'une valeur de données de capteur atteigne un certain seuil ou qu'elle se répète indéfiniment. Les entrées disponibles changent en fonction du mode.

4.5.1MODES

Illimité : Dans le mode Illimité, les blocs à l'intérieur de la boucle sont répétés à l'infini. Tous les blocs placés après la boucle ne seront jamais atteints.

Count: En mode Count, l'entrée Count spécifie combien de fois les blocs doivent être répétés à l'intérieur de la boucle.

Time : En mode Time, vous pouvez spécifier une durée de répétition de la boucle dans l'entrée Seconds. Le temps est mesuré à partir du début de la boucle. La limite de temps n'est testée qu'à la fin de la séquence de la boucle. La séquence en boucle sera toujours exécutée au moins une fois, et la boucle ne reprendra au début que si le temps écoulé à ce moment-là est inférieur à Seconds.

Logique : En mode Logique, la boucle se répète jusqu'à ce que l'entrée Until soit vraie à la fin de la séquence de la boucle. La séquence de boucle sera toujours exécutée au moins une fois, et l'entrée Until est testée à la fin de chaque itération de la boucle.

Modes de capteur : Le bloc Boucle contient plusieurs modes qui lisent les données du capteur et les comparent à une valeur d'entrée. Il existe différents modes pour chaque type de capteur. Certains types de données de capteur peuvent être comparés à une valeur seuil, et d'autres types peuvent être comparés à certaines valeurs spécifiques.

Entrée	Type	Notes
Comte	Numérique	Nombre de fois que la boucle doit être répétée en mode Comptage.
Secondes	Numérique	Nombre de secondes pour répéter la boucle en mode Time.
Jusqu'à	Logique	En mode logique, la boucle se termine lorsque cette entrée est vraie.

Compare r le type	Numér ique	Type de comparaison pour un mode capteur avec une valeur seuil. 0 : = (égal) 1 : ≠ (Non égal) 2 : > (plus grand que) 3 : ≥ (supérieur ou égal à) 4 : < (inférieur à) 5 : ≤ (inférieur ou égal à)
Valeur seuil	Numér ique	Valeur à laquelle comparer les données du capteur pour un mode capteur avec une valeur seuil.

4.6 BLOC DE COMMUTATEURS

Le bloc Switch est un conteneur qui peut contenir deux ou plusieurs séquences de blocs de programmation. Chaque séquence est appelée un Case. Un test au début du bloc Switch détermine quel cas sera exécuté. Un seul cas sera exécuté à chaque fois que le bloc Switch est exécuté.Le bloc Switch peut décider du cas à exécuter en fonction d'une valeur de données de capteur ou d'une valeur provenant d'un fil de données. Une fois qu'un cas est sélectionné et exécuté, le programme continue avec tous les blocs après le commutateur. Un commutateur n'attend pas qu'une valeur de données de capteur ou un fil de données atteigne une certaine valeur. Le test est exécuté dès que le bloc Switch démarre, et l'un des cas est choisi et exécuté immédiatement après le test.

Entrée	Type	Notes
Logique	Logiq ue	Utilisé pour sélectionner un cas en mode Logique
Numéro	Numér ique	Utilisé pour sélectionner une casse en mode numérique.
Texte	Texte	Utilisé pour sélectionner une casse en mode texte.
Compar ez	Numér ique	Type de comparaison pour un mode avec un Seuil

Type		Entrée de valeur. 0 : = (égal) 1 : ≠ (Non égal) 2 : > (plus grand que) 3 : ≥ (supérieur ou égal à) 4 : < (inférieur à) 5 : ≤ (inférieur ou égal à)
Valeur seuil	Numér ique	Valeur à laquelle comparer les données du capteur, pour choisir un cas vrai ou un cas faux sur la base d'une valeur numérique du capteur.

NOTES AU PROFESSEUR

Les principaux points à retenir :

⬇ Introduction aux boucles et aux tâches répétitives. ⬇Connaissance des concepts de boucles

Aides pédagogiques :

⬇ Les interactions sont indispensables ici

⬇ Il faut consacrer un cours aux fiches de travail des élèves pour discuter de la réponse avec la classe.

Points supplémentaires :

Posez les questions suivantes au groupe pendant le cours.

⬇ Les tâches répétitives peuvent être accomplies efficacement par ? ⬇Que fait la Boucle ?

⬇ Un commutateur permet à votre robot d'écrire des programmes très longs.

d'écrire des programmes multiples.

Comportements répétés au sein d'un programme

Prendre une décision unique

Les équations suivantes peuvent être utilisées pour calculer les angles internes et externes d'un polygone :

$$\text{internal angle} = \frac{(\text{number of sides} - 2) \times 180°}{\text{number of sides}}$$

$$\text{external angle} = 180° - \text{internal angle}$$

PROJET

FEUILLE DE TRAVAIL

Nom du groupe _______________ Membres du groupe _________________________

Vue d'ensemble :

Une fois sur Mars Rover, votre robot devra identifier les aspects intéressants pour une analyse ultérieure. Votre robot devra délimiter une zone de manière à ce qu'un satellite de passage puisse facilement identifier l'élément. Dans un premier temps, vous devrez dessiner un carré, mais vous passerez ensuite à d'autres formes et dessins.

Construisez un accessoire de dessin et fixez-le à votre robot et programmez votre robot pour qu'il se déplace dans un carré.

Définir le problème

Dressez la liste du problème que vous avez identifié à partir du scénario - ce que vous attendez de votre système.

Il est très important de documenter votre travail pendant le processus de conception. Consignez tout ce que vous pouvez en utilisant des croquis, des photos et des notes.

____

____

____

____

____

Brainstorming

Travail individuel : Maintenant que vous avez défini un problème, prenez trois minutes pour trouver des idées pour le résoudre. Soyez prêt à partager vos idées avec votre groupe.

Utilisez des briques LEGO® et des croquis pour explorer vos idées.

Travail en groupe : Partagez et discutez vos idées pour résoudre le problème.

Parfois, les idées simples sont les meilleures. Essayez toutes vos idées

Définir les critères de conception

Vous devriez avoir généré un certain nombre d'idées. Choisissez maintenant la meilleure à réaliser.

Sur la base de votre discussion de brainstorming, écrivez deux ou trois critères de conception spécifiques que votre conception doit respecter :

Exemple de critères de conception : La conception doit... La conception devrait... La conception pourrait...

1. _

2. _

3. _

Allez faire

Il est temps de commencer à fabriquer. Utilise les composants du jeu LEGO® pour réaliser la solution que tu as choisie. Testez et analysez votre conception au fur et à mesure et notez toutes les améliorations que vous apportez.

Vous pouvez utiliser d'autres matériaux de la classe.

Examinez et révisez votre solution

Avez-vous réussi à résoudre le problème que vous avez défini au début de la leçon ? Repensez à vos trois critères de conception.

Votre solution fonctionne-t-elle bien ? Utilisez l'espace ci-dessous pour suggérer trois améliorations à votre conception.

1. _

2. _

3. _

Communiquez votre solution

Maintenant que vous avez terminé, faites un croquis ou prenez une photo de votre modèle, étiquetez les trois parties les plus importantes et expliquez leur fonctionnement. Vous êtes maintenant prêt à présenter votre solution à la classe. Prenez une vidéo du système en fonctionnement et conservez tous les croquis et une vidéo de présentation de votre système, chacun expliquant au moins un module de votre système pour évaluation.

Evaluez vous

Badge	**Bronze**	**Argent**	**Or**	**Platine**
Tâches	Nous avons compris la conception problème.	Nous avons défini un problème de conception et en a utilisé un critères de conception et l'idée de construire notre solution.	Nous avons obtenu l'argent et utilisé deux modèles critères et des idées pour construire notre solution.	Nous avons obtenu l'or et utilisé trois modèles critères et idées pour construire un efficace solution.

Votre évaluation : ______________ Évaluation de l' instructeur : ______________

Combien de côtés a un carré ? Combien d'angles ?

Combien de degrés dans chaque angle ?

Pourriez-vous utiliser le bloc de boucle pour rendre le programme plus simple ?

For me	Nombre de côtés	Angle interne	Angle externe	Angle de rotation requis par le robot
Octogone				
Hexagone				
Triangle				

Quelle a été la partie la plus difficile de ce défi ?

CHAPITRE 5

SENSORS

5.1 DÉFINITIONS :

Un dispositif qui réagit à un stimulus physique (tel que la chaleur, la lumière, le son, la pression, le magnétisme ou un mouvement particulier) et transmet une impulsion résultante (pour mesurer ou actionner une commande).

Les **capteurs** sont des dispositifs sophistiqués qui sont fréquemment utilisés pour détecter et répondre à des signaux électriques ou optiques. Un **capteur** convertit un paramètre physique (par exemple : la température, la pression sanguine, l'humidité, la vitesse, etc.) en un signal qui peut être mesuré électriquement.

Prenons l'exemple de la température. Le mercure dans le thermomètre en verre se dilate et contracte le liquide pour convertir la température mesurée qui peut être lue par une visionneuse sur le tube en verre calibré est un capteur.

Dans notre cas, nous sélectionnons un capteur dont la sortie peut être prédite/lue par la brique EV3.

Que comprend la brique EV3 alors.. ?

"De simples capteurs fournissent un signal électrique basé sur le stimulus de l'environnement".

5.2 QUE LES CAPTEURS PEUVENT MESURER :

Qu'est-ce qui peut être stimulant pour l'environnement... ?

Il peut s'agir de n'importe quelle quantité physique (toutes les quantités physiques spécifiées dans le livre de sciences de la 6e à la 10e année).

Par exemple :

➕ Lumière
➕ Distance Colour Press
➕ Pression
➕ Température Son
➕ Humidité Humidité

5.3 CAPTEURS EV3 DISPONIBLES :

➕ Capteur de couleurs EV3 Capteur à ultrasons EV3 Capteur tactile EV3
➕ Capteur infrarouge EV3 Capteur gyroscopique EV3

5.3.1 CAPTEUR ULTRASONIQUE EV3 :

Un capteur à ultrasons est un dispositif qui peut mesurer la distance d'un objet en utilisant des ondes sonores.

5.3.1.1   Principe du capteur à ultrasons :

Il mesure la distance en envoyant une onde sonore à une fréquence spécifique et en écoutant cette onde sonore rebondir. En enregistrant le temps écoulé entre la génération de l'onde sonore et le rebond de l'onde sonore, il est possible de calculer la distance entre le capteur du sonar et l'objet.

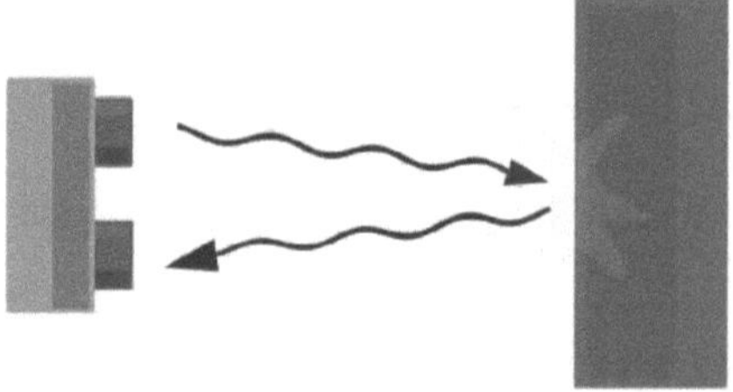

$$distance = \frac{speed\ of\ sound\ \times time\ taken}{2}$$

Comme on sait que le son se déplace dans l'air à une vitesse d'environ 344 m/s (1129 pieds/s), vous pouvez prendre le temps de retour de l'onde sonore et le multiplier par 344 mètres (ou 1129 pieds) pour trouver la distance totale aller-retour de l'onde sonore. La distance aller-retour signifie que l'onde sonore a parcouru deux fois la distance jusqu'à l'objet avant d'être détectée par le capteur ; elle comprend le "trajet" du capteur du sonar jusqu'à l'objet ET le "trajet" de l'objet jusqu'au capteur à ultrasons (après que l'onde sonore a rebondi sur l'objet). Pour trouver la distance jusqu'à l'objet, il suffit de diviser par deux la distance aller-retour.

Il est important de comprendre que certains objets peuvent ne pas être détectés par les capteurs à ultrasons. En effet, certains objets ont une forme ou une position telle que l'onde sonore rebondit sur l'objet, mais est déviée loin du capteur à ultrasons. Il est également possible que l'objet soit trop petit pour réfléchir suffisamment l'onde sonore vers le capteur pour être détecté. D'autres objets peuvent absorber l'onde sonore (tissu, moquette, etc.), ce qui signifie que le capteur n'a aucun moyen de les détecter avec précision. Ce sont des facteurs importants à prendre en compte lors de la conception et de la programmation d'un robot utilisant un capteur à ultrasons.

Capteur à ultrasons

Mesure - Distance - Centimètres

Le mode Mesure - Distance - Centimètres indique la distance en centimètres dans le champ Distance en centimètres.

Mesure - Distance - Pouces

Le mode Measure - Distance - Inches indique la distance en pouces dans le champ Distance in Inches.

Mesure - Présence

Le mode Mesure - Présence écoute d'autres signaux ultrasoniques en mode "écoute seulement". La sortie Ultrasound Detected sera True si un signal est détecté, False sinon.

Comparer - Distance - Centimètres

Le mode Comparaison - Distance - Centimètres compare la distance en centimètres à la valeur seuil en utilisant le type de comparaison sélectionné. Le résultat vrai/faux est affiché dans Résultat de la comparaison, et la distance en centimètres est affichée dans Distance en centimètres.

Comparer - Distance - Pouces

Le mode Compare - Distance - Inches compare la distance en pouces à la valeur seuil en utilisant le type de comparaison sélectionné. Le résultat Vrai/Faux est affiché dans Résultat de la comparaison, et la distance en pouces est affichée dans Distance en pouces.

Comparer - Présence

Le mode Comparaison - Présence écoute d'autres signaux ultrasoniques en mode "écoute seulement". La sortie Ultrasound Detected sera True si un signal est détecté, False sinon.

Avancé - Centimètres

Le mode Avancé - Centimètres est similaire au mode Mesure - Distance - Centimètres, sauf que vous pouvez choisir si le capteur envoie un seul signal ultrasonique ou des signaux continus avec l'entrée Mode de mesure. La distance en centimètres est indiquée dans le champ Distance.

Avancé - Pouces

Le mode Avancé - Pouces est similaire au mode Mesure - Distance - Pouces, sauf que vous pouvez choisir si le capteur envoie un seul signal ultrasonique ou des signaux continus avec l'entrée Mode de mesure. La distance en pouces est indiquée dans le champ Distance.

Conseils et astuces

Dans les modes Mesure - Distance - Centimètres et Mesure - Distance - Pouces, le capteur envoie toujours un signal ultrasonique continu.

ENTRÉES ET SORTIES

Les entrées disponibles pour le bloc Capteur à ultrasons dépendent du mode sélectionné. Vous pouvez saisir les valeurs d'entrée directement dans le bloc. Sinon, les valeurs d'entrée peuvent être fournies par des fils de données provenant des sorties d'autres blocs de programmation.

Entrée	Type	Valeurs autorisées	Notes
Comparer le type	Numérique	0 - 5	0 : = (égal à) 1 : ≠ (Non égal à) 2 : > (Supérieur à) 3 : ≥ (supérieur ou égal à) 4 : < (inférieur à) 5 : ≤ (inférieur ou égal à)
Valeur seuil	Numérique	N'importe quel nombre	Valeur à laquelle comparer les données du capteur
Mode de mesure	Numérique	0 ou 1	Mode de signal ultrasonique dans les modes avancés : 0 = Ping 1 = Continu

Les sorties disponibles dépendent du mode sélectionné. Pour utiliser une sortie, utilisez un fil de données pour la connecter à un autre bloc de programmation.

Sortie	Type	Notes
Distance en centimètres	Numérique	Distance en centimètres (0-255 cm).
Distance en pouces	Numérique	Distance en pouces (0-100 in).
Détection par ultrasons	Logique	Vrai si un signal ultrasonique est détecté, sinon Faux.
Comparer les résultats	Logique	Résultat vrai/faux d'un mode de comparaison.

5.3.2 DÉTECTEUR DE COULEUR

Un capteur de couleurs LEGO, comme son nom l'indique, peut détecter huit couleurs différentes. Il sert également de capteur de lumière et peut mesurer les intensités lumineuses de la lumière rouge réfléchie et de la lumière ambiante avec une bonne précision. Il comporte deux composants principaux, une photorésistance et une LED. La DEL émet de la lumière qui est ensuite absorbée par la photorésistance pour détecter la lumière réfléchie. Il fonctionne à une fréquence d'échantillonnage de 1kHz (c'est-à-dire qu'il peut détecter environ 1000 couleurs différentes en une seconde). **L**'image ci-dessous montre à quoi ressemble un capteur de couleurs.

5.3.2.1   Comment fonctionne un capteur de couleurs :

Un capteur de couleur LEGO a 3 modes de fonctionnement dans notre logiciel :

a. Mode couleur

b. Mode d'intensité de la lumière réfléchie

c. Mode d'intensité de la lumière ambiante

Mode couleur : Pour détecter la couleur de la cible en détectant la lumière réfléchie par la cible.

Mode Lumière réfléchie : Pour détecter la lumière qui est réfléchie par la cible. Ce mode peut également être configuré pour être utilisé comme un capteur de mesure de distance (comme un capteur à ultrasons).

Mode lumière ambiante : Pour détecter l'intensité de la lumière dans l'environnement extérieur. La LED ne joue aucun rôle ici.

5.3.2.2   Comment utiliser le capteur de couleurs :

Pour utiliser le capteur de couleurs dans notre logiciel, faites glisser le bloc capteur de couleurs de la section capteur et connectez-le à la partie du programme où vous voulez l'utiliser.

En bas à gauche du bloc du capteur de couleurs, il y a une option qui permet de

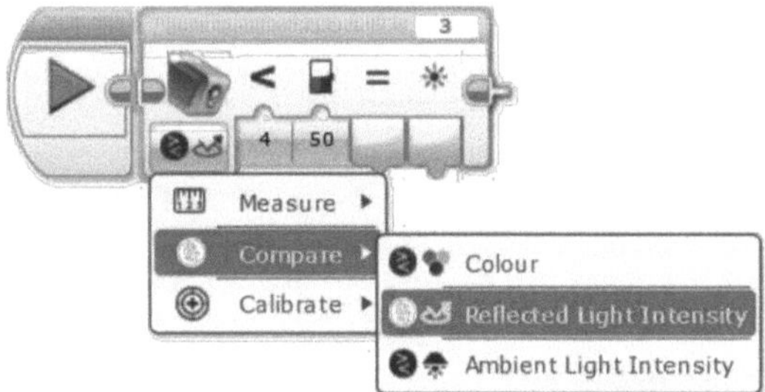

sélectionner l'objectif de l'utilisation du capteur de couleurs. Dans cette option, nous pouvons choisir a. Mesurer, b. Comparer, c. Calibrer, toutes ces fonctions étant celles du capteur.

Certaines autres fonctions de boucle peuvent utiliser les sorties de capteurs. Par exemple, la sortie d'un capteur de couleur peut être utilisée par un bloc d'attente pour sortir de l'état d'attente en cas d'intensité de couleur attendue.

5.3.3 CAPTEUR INFRAROUGE

Un capteur infrarouge est un dispositif électronique qui émet des signaux afin de détecter certains aspects de l'environnement. Un capteur infrarouge peut mesurer la chaleur d'un objet et détecter le mouvement.

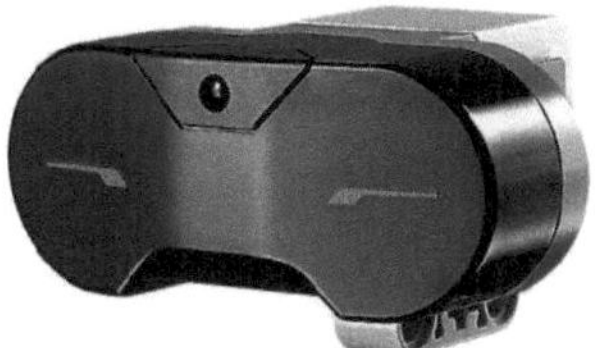

Le capteur infrarouge EV3 est conçu pour la détection de proximité d'un robot. Ce type de capteur est souvent utilisé pour détecter des obstacles ou pour télécommander les robots. Le capteur a une mesure de proximité de 50-70 centimètres, tandis que la distance de travail de la balise est jusqu'à deux mètres.

5.3.3.1 Principe de fonctionnement

Un capteur infrarouge se compose d'une LED infrarouge et d'une photodiode infrarouge ; ensemble, ils sont appelés photocoupleur ou optocoupleur. Lorsque l'émetteur IR émet un rayonnement, celui-ci atteint l'objet et une partie du rayonnement est réfléchie vers le récepteur IR. La sortie du capteur est définie en fonction de l'intensité de la réception par le récepteur IR.

Caractéristiques :

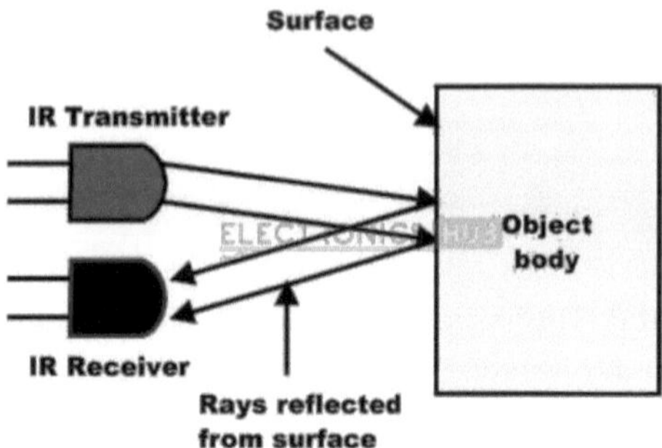

Mesure de proximité de 50-70 cm Quatre canaux de signaux supportés jusqu'à deux mètres de distance de travail de la balise

Les entrées disponibles pour le bloc capteur infrarouge dépendent du mode sélectionné.

Entrée	Type	Valeurs autorisées	Notes
Chaîne	Numérique	1 - 4	Le canal de la balise IR à détecter.
Comparer le type	Numérique	0 - 5	0 : = (égal à) 1 : ≠ (Non égal à) 2 : > (Supérieur à) 3 : ≥ (supérieur ou égal à) 4 : < (inférieur à) 5 : ≤ (inférieur ou égal à)
Valeur seuil	Numérique	N'importe quel nombre	Valeur à laquelle comparer les données du capteur

Jeu d'identifiants de boutons de télécommande	Table au numérique	Chaque élément : 0 - 11	ID(s) de bouton à tester.

Les sorties disponibles dépendent du mode sélectionné.

Sortie	Valeurs de type		Notes
Proximité	Numérique0 à 100		La proximité de la balise ou de l'objet. 0 signifie très proche, et 100 signifie très éloigné. La Proximité sera de 100 si la balise ou l'objet n'est pas du tout détecté.
Cap détecté	LogiqueVrai/Faux		Vrai si la balise est détectée.
	Numérique-25 à 25Le cap de la balise. 0 signifie que le La balise est directement en face du capteur, les valeurs négatives sont à gauche et les valeurs positives sont à droite.		

ID du bouton	Numérique	0 - 11	Identifie quel bouton, ou combinaison de boutons, est pressé sur la balise IR.
Comparer les résultats	Logique	Vrai/ Faux	Résultat vrai/faux d'un mode de comparaison.

5.3.4 DÉTECTEUR D'EFFLEUREMENT

Le capteur tactile est un outil analogique et simple avec un bouton situé à l'avant et un compteur pour les actions de pression/relâchement du bouton. Ce capteur est généralement utilisé pour les systèmes de contrôle marche/arrêt, les jeux tels que les robots résolveurs de labyrinthes, et de nombreuses autres applications.

État de la mesure :

Le mode Mesure - État indique l'état du capteur tactile. L'état est Vrai si le capteur tactile est actuellement enfoncé et Faux sinon.

Comparez les États :

Nous pouvons choisir l'état du capteur tactile à tester (relâché, appuyé ou heurté).

Entrées :

Entrée	Type	Valeurs autorisées	Notes
État	Numérique	0 – 2	État à tester en mode Compare. 0 = Libéré 1 = Pressé 2 = Bumped

Sorties :

Sortie	Type	Notes
État	Logique	Utilisé en mode mesure. Vrai si le capteur tactile est pressé, Faux sinon.
Comparer les résultats	Logique	La valeur de l'état du capteur sélectionné en mode Comparaison.
Mesuré	Numérique	L'état actuel du capteur en mode Compare.

Valeur	0 = Libéré 1 = Pressé 2 = Bumped

5.3.5 ENCODEUR

Le codeur de moteur est un dispositif électromécanique qui convertit la position angulaire ou le mouvement d'un arbre ou d'un axe en un signal analogique ou numérique. Le bloc de rotation mesure la distance à laquelle un moteur a tourné en degrés ou en rotations.

5.3.5.1 PRINCIPE DE FONCTIONNEMENT

Le codeur possède un disque avec des zones de contact régulièrement espacées qui sont reliées à la broche commune C et à deux autres broches de contact séparées A et B.

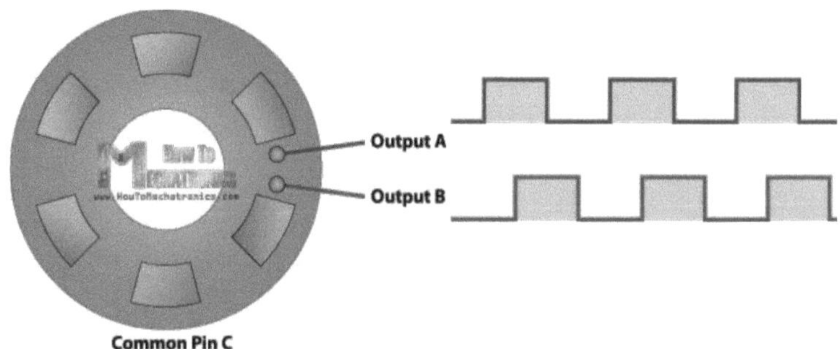

Lorsque le disque commence à tourner pas à pas, les broches A et B entrent en contact avec la broche commune et les deux signaux de sortie rectangulaires sont générés en conséquence. Cependant, si nous voulons également déterminer le sens de rotation, nous devons considérer les deux signaux en même temps. Nous pouvons remarquer que les deux signaux de sortie sont déphasés de 90 degrés l'un par rapport à l'autre. Si le codeur tourne dans le sens des aiguilles d'une montre, la sortie A sera en avance sur la sortie B.

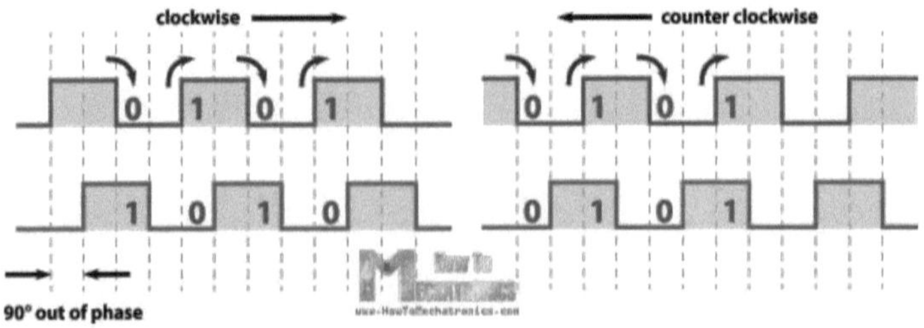

Modes

Degrés - Ce mode de mesure fournit la rotation actuelle du moteur qui est mesurée en degrés dans la sortie.

Rotations - Ce mode de mesure fournit la rotation actuelle du moteur qui est mesurée en rotations dans la sortie.

Puissance actuelle - Ce mode de mesure fournit le niveau de puissance actuelle du moteur dans la sortie.

Comparer - Ce mode compare les données du capteur (degrés, rotations ou niveau de puissance) à la valeur seuil en utilisant le mode Comparaison.

Reset - Ce mode remet la quantité de rotation à zéro. (0 degrés ou rotations)

Entrées et sorties

Entrée	Type	Valeurs autorisées	Notes
Comparer le type	Numé rique	0 - 5	0 : = (égal à) 1 : ≠ (Non égal à) 2 : > (Supérieur à) 3 : ≥ (supérieur ou égal à) 4 : < (Moins que) 5 : ≤ (inférieur ou égal à)
Valeur seuil	Numé rique	N'importe quel nombre	Valeur permettant de comparer les données du capteur

Sortie	Type	Notes
Degrés	Numérique	Montant de la rotation en degrés. Mesuré à partir de la dernière réinitialisation. Remise à zéro avec le mode Reset.
Rotations	Numérique	Montant de la rotation en rotations. Mesuré à partir de la dernière remise à zéro. Remise à zéro avec le

		Mode de réinitialisation.
Puissance actuelle	Numérique	Niveau de puissance actuel du moteur (-100 à 100).
Comparer les résultats	Logique	Résultat vrai/faux d'un mode de comparaison.

NOTES AU PROFESSEUR
Les principaux points à retenir :

- Introduction sur tous les capteurs EV3
- Connaissance du dispositif de sortie/entrée

Aides pédagogiques :

- Les interactions sont indispensables ici Présentations multimédia
- Il faut consacrer un cours aux fiches de travail des élèves pour discuter de la réponse avec la classe.

Points supplémentaires :

Posez les questions suivantes au groupe pendant le cours.

- Discutez d'un système et identifiez l'entrée et la sortie de celui-ci. Pourquoi le bruit du tonnerre se produit-il après un éclair ?
- Que fera un capteur à ultrasons s'il est placé dans le vide ou dans l'eau ? Quelles sont les applications qui traitent de la mesure de la distance ?
- Le capteur à ultrasons peut-il être utilisé pour toutes les mesures de distance ?

Des questions pour tous les capteurs une fois qu'il est terminé.

- Qu'est-ce qu'un capteur couleur/ infrarouge/ ultrasonique/ tactile/ encodeur de moteur ?
- Pourquoi avons-nous besoin d'un capteur couleur/ infrarouge/ ultrasonique/ tactile/ encodeur de moteur ?
- Mentionnez des exemples où un capteur couleur/ infrarouge/ ultrasonique/ tactile/ encodeur de moteur est utilisé en temps réel ?

- Quels sont les principaux composants d'un capteur couleur/ infrarouge/ ultrasonique/ tactile/ encodeur de moteur ?
- Choisissez et présentez un scénario dans lequel un capteur de couleur/ infrarouge/ ultrasonique/ tactile/ encodeur de moteur aidera votre robot.

FEUILLE DE TRAVAIL

1. Exécuter un exemple de programme

Il est maintenant temps pour vous de tester le capteur avant de l'intégrer.
Assurez-vous toujours qu'avant d'intégrer un module au système, testez-le et intégrez-le un par un - c'est l'une des règles d'or de la réalisation de tout système.

Exécutez le programme d'exemple (ou créez un nouveau programme) pour mesurer la distance et l'afficher à l'écran,

Quelle est la distance minimale que vous pouvez mesurer en utilisant le capteur ? Et pouvez-vous en expliquer la raison ?

Quelle est la distance maximale que vous pouvez mesurer en utilisant le capteur ? Et pouvez-vous en expliquer la raison ?

Comment pouvez-vous faire en sorte que le système ne fonctionne pas ou que la logique de votre pont s'effondre.

2. Construire un gadget de sécurité

Il est maintenant temps d'être un détective, vous êtes donné une tâche par vos fonctionnaires. Le problème est qu'il y a beaucoup de vols dans la ville et vous devez former une équipe avec vos pairs pour trouver un voleur.

Concevons une solution pour ce problème, nous allons suivre la phase suivante.

3. Robot de coloriage

Concevez et programmez un robot satisfaisant aux conditions suivantes.

- Regardez l'image donnée - Cette image représente une arène
- Votre robot, lorsqu'il est placé dans cette arène, ne doit pas sortir de ce cercle bordé de noir.

- Dans cette arène se trouvent différentes couleurs. Votre robot doit identifier toutes les couleurs à l'intérieur de l'arène afin d'énumérer le nombre de taches d'une couleur particulière choisie par votre professeur à l'intérieur de l'arène.

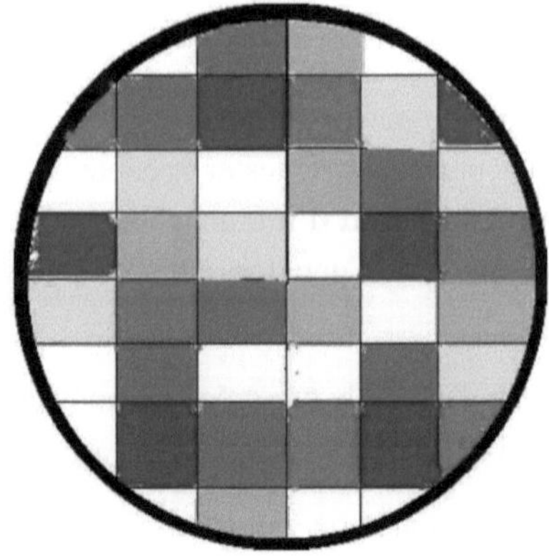

Prenons par exemple l'arène originale ci-dessus. Il y a 4 plaques de couleur bleue dans cette arène. Votre robot doit traverser toutes les taches de couleur au moins une fois. Lorsqu'il identifie le premier carré, il doit compter 1. Lorsqu'il identifie la prochaine tache bleue, il doit augmenter le compte à 2. Après avoir traversé toutes les taches, le compte doit indiquer le nombre correct de taches bleues à l'intérieur du cercle (arène).

PROJET

1.MARS ROVER

Projet :

Le robot rencontrera sans doute des obstacles sur son chemin. L'ISRO s'inquiète d'un mur de falaise particulier qui bloque la progression du robot. Elle vous a demandé de démontrer la capacité de votre robot à détecter ces obstacles et à s'en éloigner. Il est important que votre robot ne touche pas physiquement ces obstacles car nous ne souhaitons pas endommager le robot ou contaminer notre environnement de recherche.

<u>Un conseil :</u>

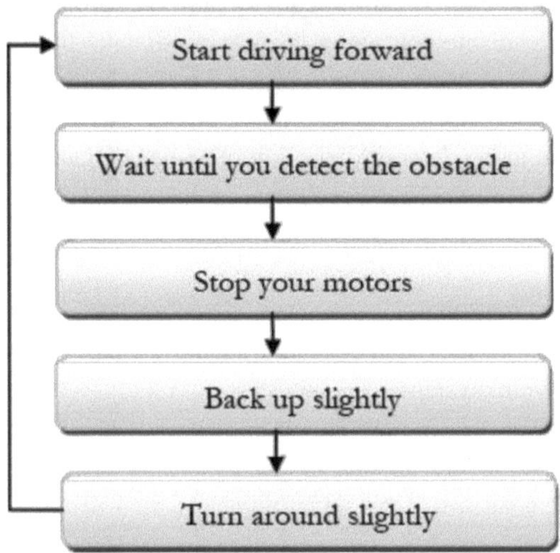

ROBOT DE DÉTECTION DES BORDS

iRobot a déjà mis au point un robot nettoyeur de sol Roomba qui se déplace et nettoie la pièce. Le Roomba est déjà sur le marché et a été un produit précieux pour l'entreprise. Cependant, un nouveau client s'est plaint et a donné un avis négatif sur le produit.

Avis du client : Le Roomba nettoie parfaitement la pièce, mais le robot a glissé automatiquement du premier étage au balcon. Certaines pièces sont endommagées. Même si les pièces sont changées, comment être sûr qu'il ne tombera pas à nouveau. Alors remboursez notre argent et récupérez le produit.

Le PDG d'iRobot a donc demandé à l'équipe de développer une solution à ce problème. Lorsque le mur d'angle de la pièce est atteint et s'il n'y a plus de murs, le robot doit arrêter son mouvement, changer de direction et poursuivre son processus.

<u>Un conseil :</u>

Le capteur tactile doit être pressé pendant le déplacement le long du mur. Une fois que le bord du mur se termine, le capteur tactile est relâché et le robot doit arrêter son mouvement en fonction de l'entrée du capteur tactile.

2. **Les voitures sans conducteur de Google**

Google est activement engagé dans le développement de voitures sans conducteur. Google engage votre équipe pour ce projet en cours afin de développer un mécanisme pour gérer les feux de signalisation. Lorsque le signal est rouge, votre voiture sans conducteur doit s'arrêter lorsqu'elle touche la ligne blanche et l'écran du contrôleur LEGO doit clignoter en rouge. Lorsque le signal passe du rouge au jaune, le contrôleur doit clignoter en jaune. Lorsque le signal passe au vert, la voiture sans conducteur doit commencer à se déplacer en émettant une alarme.

Définir le problème

Dressez la liste du problème que vous avez identifié à partir du scénario - ce que vous attendez de votre système.

Il est très important de documenter votre travail pendant le processus de conception. Consignez tout ce que vous pouvez en utilisant des croquis, des photos et des notes.

____

____

____

____

____

Brainstorming

Travail individuel : Maintenant que vous avez défini un problème, prenez trois minutes pour trouver des idées pour le résoudre. Soyez prêt à partager vos idées avec votre groupe.

Utilisez des briques LEGO® et des croquis pour explorer vos idées.

Travail en groupe : Partagez et discutez vos idées pour résoudre le problème.

Parfois, les idées simples sont les meilleures. Essayez toutes vos idées

Définir les critères de conception

Vous devriez avoir généré un certain nombre d'idées. Choisissez maintenant la meilleure à réaliser.

Sur la base de votre discussion de brainstorming, écrivez deux ou trois critères de conception spécifiques que votre conception doit respecter :

Exemple de critères de conception : La conception doit... La conception devrait... La conception pourrait...

1. _

2. _

3. _

Allez faire

Il est temps de commencer à fabriquer. Utilise les composants du jeu LEGO® pour réaliser la solution que tu as choisie. Testez et analysez votre conception au fur et à mesure et notez toutes les améliorations que vous apportez.

Vous pouvez utiliser d'autres matériaux de la classe.

Examinez et révisez votre solution

Avez-vous réussi à résoudre le problème que vous avez défini au début de la leçon ? Repensez à vos trois critères de conception.

Votre solution fonctionne-t-elle bien ? Utilisez l'espace ci-dessous pour suggérer trois améliorations à votre conception.

1. _

2. _

3. _

Communiquez votre solution

Maintenant que vous avez terminé, faites un croquis ou prenez une photo de votre modèle, étiquetez les trois parties les plus importantes et expliquez leur fonctionnement. Vous êtes maintenant prêt à présenter votre solution à la classe.

Prenez une vidéo du système en fonctionnement et conservez toutes les esquisses et une vidéo de présentation de votre système, chacune expliquant au moins un module de votre système pour évaluation.

Evaluez vous

Badge	Bronze	Argent	Or	Platine
Tâches	Nous avons compris la conception problème.	Nous avons défini un problème de conception et en a utilisé un critères de conception et l'idée de construire notre solution.	Nous avons atteint Argent et usagé deux modèles critères et des idées pour construire notre solution.	Nous avons atteint or et usagé trois modèles critères et idées pour construire un efficace solution.

Votre évaluation : ___________**Évaluation de l'**
   instructeur : _______________

Quelle a été la partie la plus difficile de ce défi ?

CHAPITRE 6

OPÉRATIONS DE DONNÉES

6.1VARIABLES

Le bloc Variable vous permet de lire ou d'écrire une variable dans votre programme. Une variable est un emplacement dans la mémoire de la brique EV3 qui peut stocker une valeur de données. Nous pouvons écrire dans une variable pour stocker une valeur de données. Plus tard dans le programme, nous pouvons lire la variable pour accéder à la valeur stockée.

La valeur d'une variable peut être modifiée pendant l'exécution d'un programme. Chaque fois que vous écrivez dans une variable, toute valeur précédente est effacée et remplacée par la nouvelle valeur. Par exemple, vous pouvez utiliser une variable nommée "Max Light" pour conserver la trace de l'intensité lumineuse la plus élevée que votre robot a mesurée jusqu'à présent à partir du capteur de couleurs. Chaque fois que le robot détecte une valeur supérieure, il peut écrire la nouvelle valeur dans la variable "Max Light".

Avec le bloc Variable, nous pouvons ajouter une nouvelle variable, écrire une valeur dans une variable et lire la valeur d'une variable.

6.2BLOC CONSTANT

Le bloc Constant permet d'entrer une valeur qui peut être utilisée à plusieurs endroits différents dans le programme. Si la valeur de la constante est modifiée, tous les endroits où la constante est utilisée recevront la valeur mise à jour.La valeur de la constante est celle qui ne peut pas être modifiée, elle conservera la même valeur tout au long du programme.

6.3BLOC D'OPÉRATIONS LOGIQUES

Le bloc Opérations logiques effectue une opération logique sur ses entrées et produit le résultat. Une opération logique prend des entrées qui sont Vrai ou Faux, et produit une sortie Vrai/Faux. Les opérations logiques disponibles sont AND, OR, XOR et NOT.

Modes	Entrées utilisées	Résultat
ET	A, B	Vrai si A et B sont tous deux vrais, autrement Faux
OU	A, B	Vrai si A ou B (ou les deux) est vrai, Faux si A et B sont tous deux faux.
XOR	A, B	Vrai si exactement l'un de A et B est vrai, Faux si A et B sont tous deux vrais, Faux si A et B sont tous deux faux.
PAS	A	Vrai si A est Faux, Faux si A est vrai

6.4 BLOC MATH

Le bloc Math effectue un calcul mathématique sur la base de ses entrées et fournit le résultat. Une opération mathématique simple peut être effectuée à l'aide de ce bloc.

Mode	Entrées utilisées	Résultat de la sortie
Ajouter	A, B	$A + B$
Soustraire	A, B	$A - B$
Multiplier	A, B	$A \times B$
Diviser	A, B	$A \div B$
Racine carrée	A	$\sqrt{A}$
Exposant	A (base), N (exposant)	A^N

Conseil : Si les valeurs d'entrée d'une opération mathématique aboutissent à une opération illégale, telle que la division par zéro ou la racine carrée d'un nombre négatif, le résultat de sortie sera une valeur d'erreur. Une valeur d'erreur peut être interprétée comme un zéro lorsqu'elle est utilisée comme entrée pour un autre bloc de programmation.

6.5BLOC ROUGE

Le bloc Round arrondit un nombre décimal à une valeur entière. Nous pouvons arrondir un nombre vers le haut, vers le bas ou au nombre entier le plus proche. Nous pouvons également tronquer un nombre à un certain nombre. Le mode Troncature élimine tous les chiffres au-delà d'une décimale spécifiée dans un nombre décimal. Tous les chiffres au-delà du nombre de décimales dans l'entrée sont éliminés dans le résultat. Aucun autre chiffre n'est affecté (le résultat n'est pas arrondi).

L'arrondi peut être effectué selon les trois modes suivants, à savoir,

- Arrondir au plus proche
- Arrondir à la baisse Tronquer

➤ Round To Nearest utilise les règles d'arrondi standard pour arrondir à l'entier le plus proche.
➤ Round Up arrondit toujours les angles,
➤ Arrondir vers le bas arrondit toujours vers le bas.
➤ Le mode Troncature élimine tous les chiffres au-delà d'une décimale spécifiée dans un nombre décimal.

Les tableaux ci-dessous montrent comment les valeurs sont arrondies et tronquées. Un exemple de valeur est pris ici.

Entrée	Arrondir au plus proche	Round Up	Round Down
1.2	1	2	1
1.7	2	2	1
2.0	2	2	2
2.1	2	3	2

Entrée	Nombre de décimales	Sortie
1.253	0	1
1.253	1	1.2
1.253	2	1.25
1.253	6	1.253

6.6 COMPARER BLOCK

Le bloc Compare compare deux nombres pour savoir s'ils sont égaux ou quel nombre est plus grand. On peut choisir l'une des six comparaisons différentes. Le résultat de sortie est Vrai ou Faux.

Mode	Entrées utilisées	Résultat de la sortie
Equal To	A, B	Vrai si A = B, sinon Faux
Non égal à Plus grand que Moins grand que	A, B	Vrai si A ≠ B, sinon Faux
	A, B	Vrai si A > B, sinon Faux
	A, B	Vrai si A < B, sinon Faux
Supérieur ou égal à	A, B	Vrai si A ≥ B, sinon Faux
Inférieur ou égal à	A, B	Vrai si A ≤ B, sinon Faux

6.7 BLOC DE GAMME

Le bloc Range teste si un nombre se trouve à l'intérieur ou à l'extérieur d'une plage numérique spécifiée. Le résultat de sortie est Vrai ou Faux. Le résultat de sortie est Vrai ou Faux. Utilisez le sélecteur de mode pour choisir de tester si un nombre est à l'intérieur ou à l'extérieur d'une plage. Le bloc Range compare l'entrée Test Value à la plage spécifiée par les entrées Lower Bound et Upper Bound. Le résultat sera défini comme Vrai ou Faux, en fonction du résultat de la comparaison.

Entrée	Type	Notes
Valeur du test	Numérique	Numéro à tester
Limite inférieure	Numérique	Nombre le plus bas de la fourchette
Limite supérieure	Numérique	Nombre le plus élevé de la fourchette

FEUILLE DE TRAVAIL

1. La Commission électorale de l'Inde vous a conseillé de développer une machine électronique pour compter le nombre de votes lorsqu'un bouton est pressé et d'afficher le compte au chef de l'ECI sur l'écran EV3.

Conseil : Il doit utiliser une variable numérique appelée "Presses" pour garder la trace du nombre de fois que le capteur tactile a été pressé.

2. Développez une voiture semi-autonome qui avancera jusqu'à ce que l'on appuie sur l'accélérateur (capteur tactile) ou que le capteur de couleur détecte du vert.

Conseil : utilisez le mode OU logique pour combiner les sorties de deux blocs capteurs en un seul résultat Vrai ou Faux. Un résultat Vrai indique à la boucle de se terminer, et le robot est alors arrêté.

3. Créez un programme qui soustrait 50 de la sortie Intensité de la lumière réfléchie du bloc Capteur de couleur et utilise le résultat comme entrée de puissance pour un moteur. Ainsi, le moteur tournera en arrière lorsque le capteur de couleur voit quelque chose de sombre et en avant lorsque le capteur voit quelque chose de clair.

PROJET

1. Résolveur CNC :

Nissan, une célèbre entreprise automobile, fabrique les pièces de carrosserie d'une voiture sur une machine CNC. Ils ont répertorié certaines sortes de problèmes dans la CNC et ils ont besoin d'un fournisseur de solutions techniques pour résoudre les problèmes ci-dessous.

i. Ouverture/fermeture du mandrin - Normalement, le mandrin est ouvert/fermé par un bouton. Si l'opérateur appuie par erreur sur ce bouton, cela peut avoir de graves conséquences. L'exigence de la direction est donc de fournir un autre bouton à l'opérateur, et si les deux boutons sont pressés seulement, la machine commencera à fonctionner.

ii. Lors d'une crise d'urgence, s'il y a un incendie ou si l'opérateur arrête brusquement la machine, la machine CNC doit émettre un long son d'alarme si l'un des cas ou les deux se produisent.

iii. Il doit y avoir un bouton de commande manuelle, qui doit toujours être là pour verrouiller le fonctionnement de la machine, ce qui signifie que si le bouton est enfoncé, la machine ne peut effectuer aucune opération, pour démarrer la machine, ce bouton doit être relâché.

La société Nissan a engagé votre équipe pour résoudre ses aspects techniques. Ils font confiance à votre équipe et ont plus d'espoir de mener à bien le projet à un coût très faible.

Conseil 1 : L'opération ET doit être utilisée, lorsque les deux boutons sont pressés seulement, la machine doit fonctionner.

Conseil 2 : En fonctionnement OR, en cas de crise, si l'une des activités se produit, l'alarme longue doit être activée.

Conseil 3 : Ce bouton ne doit PAS être utilisé. Ainsi, si le bouton est en position enfoncée, la machine sera verrouillée et aucune opération ne sera possible. Lorsque vous êtes sur le point d'opérer, le bouton doit être relâché.

Définir le problème

Dressez la liste du problème que vous avez identifié à partir du scénario - ce que vous attendez de votre système.

Il est très important de documenter votre travail pendant le processus de conception. Consignez tout ce que vous pouvez en utilisant des croquis, des photos et des notes.

____

____

____

____

____

Brainstorming

Travail individuel : Maintenant que vous avez défini un problème, prenez trois minutes pour trouver des idées pour le résoudre. Soyez prêt à partager vos idées avec votre groupe.

Utilisez des briques LEGO® et des croquis pour explorer vos idées.

Travail en groupe : Partagez et discutez vos idées pour résoudre le problème.

Parfois, les idées simples sont les meilleures. Essayez toutes vos idées

Définir les critères de conception

Vous devriez avoir généré un certain nombre d'idées. Choisissez maintenant la meilleure à réaliser.

Sur la base de votre discussion de brainstorming, écrivez deux ou trois critères de conception spécifiques que votre conception doit respecter :

Exemple de critères de conception : La conception doit... La conception devrait... La conception pourrait...

1. _

2. _

3. _

Allez faire

Il est temps de commencer à fabriquer. Utilise les composants du jeu LEGO®
pour réaliser la solution que tu as choisie. Testez et analysez votre conception au
fur et à mesure et notez toutes les améliorations que vous apportez.

Vous pouvez utiliser d'autres matériaux de la classe.

Examinez et révisez votre solution

Avez-vous réussi à résoudre le problème que vous avez défini au début de la
leçon ? Repensez à vos trois critères de conception.

Votre solution fonctionne-t-elle bien ? Utilisez l'espace ci-dessous pour suggérer
trois améliorations à votre conception.

1. _

2. _

3. _

Communiquez votre solution

Maintenant que vous avez terminé, faites un croquis ou prenez une photo de
votre modèle, étiquetez les trois parties les plus importantes et expliquez leur
fonctionnement. Vous êtes maintenant prêt à présenter votre solution à la classe.

Prenez une vidéo du système en fonctionnement et conservez toutes les
esquisses et une vidéo de présentation de votre système, chacune expliquant au
moins un module de votre système pour évaluation.

Evaluez vous

Badge	Bronze	Argent	Or	Platine
Tâches	Nous avons compris la conception problème.	Nous avons défini un problème de conception et en a utilisé un critères de conception et l'idée de construire notre solution.	Nous avons obtenu l'argent et utilisé deux modèles critères et des idées pour construire notre solution.	Nous avons obtenu l'or et utilisé trois modèles critères et idées pour construire un efficace solution.

Votre évaluation : ___________Évaluation de l' instructeur : ___________

Quelle a été la partie la plus difficile de ce défi ?

yes
I want morebooks!

Buy your books fast and straightforward online - at one of world's fastest growing online book stores! Environmentally sound due to Print-on-Demand technologies.

Buy your books online at
www.morebooks.shop

Achetez vos livres en ligne, vite et bien, sur l'une des librairies en ligne les plus performantes au monde!
En protégeant nos ressources et notre environnement grâce à l'impression à la demande.

La librairie en ligne pour acheter plus vite
www.morebooks.shop

KS OmniScriptum Publishing
Brivibas gatve 197
LV-1039 Riga, Latvia
Telefax: +371 686 204 55

info@omniscriptum.com
www.omniscriptum.com